水环境管理国际经验研究系列丛书

水环境管理国际经验研究

美国

生态环境部对外合作与交流中心　编著

中国环境出版集团·北京

图书在版编目 (CIP) 数据

水环境管理国际经验研究之美国 / 生态环境部对外合作与交流中心编著 .
—北京：中国环境出版集团，2018. 12
（水环境管理国际经验研究系列丛书）
ISBN 978-7-5111-3864-4

Ⅰ.①水…　Ⅱ.①生…　Ⅲ.①水环境—环境管理—研究—美国
Ⅳ.① X143

中国版本图书馆 CIP 数据核字（2018）第 297044 号

出 版 人	武德凯	
策划编辑	王素娟	
责任编辑	俞光旭	
责任校对	任　丽	
封面设计	彭　杉	

出版发行　中国环境出版集团
　　　　　（100062　北京市东城区广渠门内大街 16 号）
　　　　　网　　址：http://www.cesp.com.cn
　　　　　电子邮箱：bjg1@cesp.com.cn
　　　　　联系电话：010-67112765 编辑管理部
　　　　　　　　　　010-67162011 第四分社
　　　　　发行热线：010-67125803　010-67113405（传真）
印　　刷　北京中科印刷有限公司
经　　销　各地新华书店
版　　次　2018 年 12 月第 1 版
印　　次　2018 年 12 月第 1 次印刷
开　　本　880×1230　1/32
印　　张　3
字　　数　70 千字
定　　价　12.00 元

《水环境管理国际经验研究之美国》
编写委员会

主　　编：方　莉

副 主 编：杨　倩　　　孔　德　　　杨　烁

编写人员：唐艳冬　　　张晓岚　　　王　京　　　刘兆香

　　　　　栗　赟　　　李　佳　　　李奕杰　　　刘　昊

　　　　　汪安宁　　　王树堂　　　高莉丽　　　费伟良

　　　　　蔡晓薇　　　陈　坤　　　韵晋琦　　　林　臻

　　　　　徐宜雪　　　郭　昕　　　周七月　　　王　媛

　　　　　陈新颖　　　李浩源　　　杨　铭　　　袁　鹰

前　言

　　李干杰部长在 2018 年全国生态环境宣传工作会议上指出，坚决贯彻习近平新时代中国特色社会主义思想和党的十九大精神，以习近平生态文明思想为指导，全面落实全国生态环境保护大会的部署和要求，全面加强生态环境保护，坚决打好污染防治攻坚战，建设美丽中国。他强调，必须以习近平生态文明思想为指导，以改善生态环境质量为核心，立足解决突出生态环境问题，综合运用多种手段，加大力度，周密统筹，推动污染防治攻坚战进入细化部署、深化实施、攻坚决胜阶段。

　　在生态环境治理过程中，借鉴国外有效的水环境管理和生态治理方面的经验是非常必要的。生态环境部对外合作与交流中心基于国际资源优势，自 2016 年起着手编制《水环境管理国际经验研究系列丛书》，以期为我国水环境生态保护工作提供有益借鉴。

　　美国水环境污染从 1868 年开始，到 20 世纪 70 年代开始治理，大概经过 100 年，它是发达国家非常有代表性的一个水环境污染治理的案例。主要的污染包括城市生活污水、农田、草地以及停车场的汽油、建筑垃圾、重金属、农药等。美国的地理情况和污染状况与我国现阶段的情况比较相似，作为最发达的国家，其成功的水环境管理经验对我国水环境管理工作有重要的启示意义。本书作为系列丛书之一，从治理历程、政策机制、管理体系、产业技术措施等方面介绍了美国水环境管理体系与经验。

由于篇幅有限，编写人员中难以包括所有参与项目实施的科研管理和技术人员，在此，我们向所有参与项目实施和对资料整理给予帮助的人员表示衷心的感谢！

由于时间仓促，编写过程中难免有疏漏，敬请国内外专家学者批评指正。

编　者

2018 年 6 月

目　录

1 美国水环境现状和治理历程

1.1 美国水资源现状

美国地处北美洲中部，由 50 个州和哥伦比亚特区组成，国土面积为 985 万 km^2，其中陆地面积 917.2 万 km^2，水面面积 67.8 万 km^2。辽阔的地域上平原、山脉、丘陵、沙漠、湖泊、沼泽等各种地貌类型均有分布。

美国西临太平洋，东临大西洋，西部主要山脉为落基山脉，东部主要山脉是阿巴拉契亚山脉。山地占国土面积的 1/3，丘陵及平原占 2/3。地势西高东低，西部是以落基山脉和内华达山脉为主的山地，中部是密西西比大平原，东部是阿巴拉契亚山脉，东南部是沿大西洋平原；东部与西部大致以南北向的落基山东麓为界，也是美国太平洋水系和大西洋水系的分水岭，两边的气候和自然条件差异较大。

美国水资源总量为 29 500 亿 m^3，人均水资源量接近 12 000 m^3，是水资源较为丰富的国家之一。

1.1.1 水资源时空分布特点

根据降水量的自然分布，美国水资源特点可以概括为：东多西少，人均丰富。美国大陆年平均降水总量为 58 008 亿 m^3，降水深约

760 mm。以西经 100° 为界，可将美国本土划分成两个不同区域：西部 17 个州为干旱和半干旱区，年降水量在 500 mm 以下，西部内陆地区降水量只有 250 mm 左右，科罗拉多河下游地区不足 90 mm，是全美水资源较为紧缺的地区；东部年降水量为 800~1 000 mm，是湿润与半湿润地区。

美国本土 48 个州大部分处于北温带，由于幅员辽阔，地形差别较大，各地气候差异明显：早期美国主要采取了工程性措施来解决由于水资源分布不均造成的一系列问题。中西部地区，由于干旱少雨，水资源紧缺，农业灌溉、工业用水紧张，水资源问题已经严重影响社会经济的发展。如加利福尼亚州是一个半干旱地区，降水时空分布不均，降雨集中在 11 月初至次年 4 月末，其西北部地区水量较多，全州有 1/3 的径流来自这一地区，而这一水源地必须修建水利工程，其丰富的水资源才能被中部和南部利用，州水利工程、中央河谷工程两大引水工程的建成，为城市和经济的发展提供了水资源保障。

而在东部地区，由于水资源比较丰富，水资源开发利用程度不及西部地区高，主要是采用加强调度的方式进行管理，如在河流水量减少的情况下，发布干旱预警，限制洗车等用水。

1.1.2 河流

美国河流大都为南北走向，总长度约 290 万 km。水系主要分为：墨西哥湾水系，包括密西西比河及其支流（如密苏里河、阿肯色河、俄亥俄河、田纳西河等）、与墨西哥分界的格兰德河以及注入墨西哥湾的其他诸河，其流域面积约占美国本土面积的 2/3；太平洋水系，包括西部山区流入太平洋的科罗拉多河、哥伦比亚河和加州的萨克拉门托河、圣华金河等；大西洋水系，包括阿巴拉契亚山脉以东直入大西洋的诸多小河，如波托马克河、哈得逊河等，其中以波托马克河最为著名，该河流经美国首都华盛顿，是美国南北的分界线；白令海水系，包括阿拉斯加州的育空河及其他诸河；北冰洋水系，包括阿拉斯加州注入北冰洋的河流。

1.1.3　湖泊

美国天然湖泊面积超过 25 km^2 的有 150 多个。五大湖为美洲最大的淡水湖系，包括苏必利尔（Superior）湖、密歇根（Michigan）湖、休仑（Huron）湖、伊利（Eric）湖和安大略（Ontario）湖。密歇根湖全部在美国境内，其他 4 个湖是美国和加拿大的交界湖泊。五大湖的水经圣劳伦斯河注入大西洋。水域总面积约为 24.42 万 km^2，美国境内湖面积 15.59 万 km^2，总蓄水量约 226 800 亿 m^3。五大湖之间由运河和船闸相连。伊利湖和安大略湖之间有尼亚加拉（Niagara）瀑布。五大湖为天然航道，密歇根湖伊利诺伊水道可与密西西比河相通。表 1-1 为美国五大湖特征值。

表 1-1　美国五大湖特征值

名称	湖面面积 /km^2	湖水体积 /亿 m^3	最大水深 /m	平均水深 /m	岸线长度 /m
苏必利尔湖	82 100	121 000	406	147	4 385
密歇根湖	57 866	492 000	282	85	2 633
休仑湖	59 600	35 400	229	59	6 157
伊利湖	25 700	4 840	64	19	1 402
安大略湖	18 960（8 926）	16 400	244	86	1 146

1.1.4 地下水

美国地下水开发利用历史较长，19世纪60年代后期，加利福尼亚州中央谷地、芝加哥、南达科他州等地已开始开采地下水。美国启动西部开发以后，农业和城市发展对地下水的需求不断增加。地下水在南方地区主要用于农业灌溉，北方则以其替代受污染的地表水作为生活用水。据美国用水评估报告，2010年地下水用水量为1 095.5亿 m^3，约占总用水量的22.3%。美国西部地区的水资源供需矛盾尤为突出，尤其是从得克萨斯到南达科他的广大平原地区，地下水的开发利用程度较高。2010年，美国地下水用水量排名前五的州依次为加利福尼亚州、阿肯色州、得克萨斯州、内布拉斯加州和爱达荷州，5个州地下水用水量的总和占全国地下水用水量的46.9%。以上地区农业较为发达，灌溉总面积占全国的53%，各州的地下水用水量超过一半用于农业灌溉。长期以来，这些地区大量的水资源用于农业灌溉，造成地表水耗竭和地下水过量开采。

1.2 美国水环境治理历程

美国在流域跨界水环境治理制度框架的建立上，进行了多年的探索和实践，流域水资源治理的多主体参与可作为经验，为中国建立超越地方行政分割体制的流域水环境治理模式提供思路。

美国在早期的工业化和城市化过程中就遇到了城市人口急剧膨胀、工业和生活用水增多、水环境恶化等难题。经过多年实践，美国已经在管理机制、技术手段及法律保障等方面建立了成功的命令控制型治理模式。

美国是命令控制型环境管理模式的发源地，基本上按照"命令管控为主、经济激励为辅、公众参与为补"的原则进行治理机制的整体设计。在这一整体治理机制框架下美国设计出一系列政策工具，让政策工具进行组合发挥作用，突出命令控制型工具的主导作用，充分借助市场力量，以经济效益促进治理效率，提升公众在治理中的地位，不断强化社会公众舆论对治理效果的关注。命令控制是水污染治理的主线。美国水污染治理采用由联邦机构制定水污染控制的基本政策和污水排放标准，由各州负责实施的强制性管理制度，采用水质标准和以污染控制技术为基础的排放限值相结合的管理方法。按不同污染源分类制定标准和建立排污许可证制度是美国水污染治理的两大政策手段；排污权交易政策是最为典型的经济激励手段。美国政府还专门设立"针对性流域补助金"项目，资助流域水质交易的前期可行性研究、机构建设、交易信用体系建设等工作。

公众参与是命令控制和经济激励手段的重要补充。《联邦水污染控制法》确定了公众参与机制。规定的具体参与形式包括环境活动听证会和公民诉讼等。形成了多层次的水污染治理公众参与体系；在联邦层次上，美国国家环境保护局将计划制定的法规列在联邦登记案上，公众把对草案的意见通过邮件或传真等方式传达给美国国家环保局，美国国家环保局权衡公众的评论意见后发布最终法规；在州和地方层次上，州政府为公众提供数据和分析报告，并让公众评议饮用水项目的执行规则、策略及程序。

1.2.1 水污染治理历史

美国联邦政府关注水污染问题可以追溯到 19 世纪末，在 19 世纪六七十年代，州政府和城市政府纷纷成立健康委员会。1878 年夏天，新奥尔良流行的黄热病造成 4 000 多人死亡。美国政府因此在 1879 年建立国家健康委员会，该委员会逐渐成为负责水污染治理的管理机构。1899 年，出台了美国最早的有关水污染控制方面的立法——《河流和港口法案》。20 世纪初，成立了国家健康部。不断爆发与水有关的疾病说明了许多地方政府在水质安全方面管理的失败，因此 1912 年将其更名为公共卫生署。

1924 年，出台了《油污法》，禁止石油污染沿岸海域。20 世纪 30 年代初，纽约市被描述成为"被污水环绕的岛屿"。在此背景下公共健康和安全备受关注，"罗斯福新政"后成立的公共事业振兴署增加了贷款和补贴，在各大城市大规模地建设了污水处理厂。1931—1938 年，公共污水设施数量上升了 46%，污水处理覆盖率达到总人口的 85% 以上。直到 20 世纪 70 年代，污水处理设施和污水管道建设都在保持着同步的增长。然而 46% 的城市污水处理系统仍然在排放未经处理的污水，26% 的城市污水系统也只能进行初级处理。联邦水污染控制立法已经迫在眉睫，治理河流污染成为了当时美国州政府和联邦政府治理水污染的重点工作。

1934 年 12 月，政府召集 30 位水质专家召开会议讨论了州政府在水污染控制过程中如何发挥引导作用，并达成共识。1935 年，在罗斯福总统的政令下成立了自然资源委员会。自然资源委员会因此成为一个主要负责水污染控制的永久性联邦机构。委员会为各流域卫生区域制定了"清洁水标准",并对一些主要污染物做了最低处理量的要求,被赋予建设污水处理厂以及为工业废水处理设施发放贷款和赠款的权力。

1940 年以来,美国的河流、湖泊、海湾和地下水等水体受到严重的污染。经过了多年对不同治污议案的争论,1948 年 6 月 30 日杜鲁门总统签署了《联邦水污染控制法》,规定州政府对水污染治理负主要责任,联邦政府负次要责任。开启了联邦政府直接干预水污染治理的新纪元。

1956 年通过的第一次《联邦水污染控制法修正案》中有一条重要规定:改污水处理工厂建设贷款为联邦援助赠款。美国做出了在未来 10 年内每年支付 5 000 万美元的决定。

1961 年,肯尼迪政府宣布全国河流污染达到了非常严重的程度,呼吁尽快立法和加强执法,并于 1961 年 7 月 20 日签署了《联邦水污染控制法修正案》。1963 年起,联邦政府的污水治理赠款增加到 1 亿美元,同时也适度加强了联邦的强制执行力。联邦执法机关的执法范围已经从受污染的州际水体扩展至所有受污染的通航水域。

20 世纪 60 年代早期,蕾切尔·卡逊的《寂静的春天》出版,全美的环保意识高涨。全民关注使联邦政府压力巨大。环境运动催生了一些基层环境组织和国家环境组织,越来越多的政治家开始意识到水体污染防治具有巨大的政治红利。1965 年 2 月,约翰逊总统向国会送达了一条保护和修复自然美的建议,并签署了一个国家方案,通过强制的水质标准,结合快速有效的联邦强制执行程序,开启了从源头防治的新模式。1965 年经过数月的众参两院纷争，最终通过并签署了《联邦水环境质量法》，同时在卫生教育和福利部下设立联邦水污染控制管理局，专门负责联邦水污染控制项目和扩大污水处理设施建设补助项目。1966 年出台了《清洁水恢复法》，为了把有关水的保护、利用和污染控制事务合并在同一机构管理，并方便执行新的河流清洁计划，美国政府把联邦水污染控制管理局从卫生教育与福利部转到内政部，市政污水处理补助项目也由政府成员来掌管。后来约翰逊总统提出了一个创新的调节水质的方法："在一个流域范围内开展全面的污染控制和削减规划并建立永久性流域组织来落实和执行水质标准，协调行动来执行流域规划，进行区域水污染处理设施的建设。"

20 世纪 60 年代末期，环境问题迅速变成全美的主要问题，大部分美国人将水体污染归因于地方工业的不负责任。于是尼克松政府在 1970 年 7 月首创性地成立了美国国家环境保护局（中文常简称美国国家环保局，英文：U.S. Environmental Protection Agency，EPA），联邦水污染控制与其他污染控制由 EPA 统一管理。为了加强联邦政府处理水污染的能力，1970 年美国又出台了《水质改善法》（WQIA）。

1.2.2 美国的《清洁水法》

1972 年，《清洁水法》替代了运行 24 年的《联邦水污染控制法》，它是联邦水法中最为严格的一部法律。《清洁水法》开启了美国水污染控制的新纪元，把焦点转向全国，针对各类点源污染构建适用的、可行的统一标准。根据 1972 年《清洁水法》，分两种类型和两个阶段执行以达到排污标准：（1）对点源污染（主要是工业污染）。1977 年，在工业排污许可证制度体系下，工业排放必须达到排污限值，并且要符合"目前可利用的最切实可行的控制技术"（BPT）；1983 年，在许可证制度下，要求工业污染排放达到的排污限值，并且要遵照更严格的"最佳可利用、经济上可达到的技术"（BAT）。（2）对公共污水处理。1977 年，要求所有的公共污染处理厂对流入水体的污水在排入水体前必须进行二次处理；1983 年，要求公共的污水处理厂的排放限值要依靠"最好的污染物治理技术"。

美国在经过 1972 年对《清洁水法》进行修改后继续沿用了1956 年的市政污水处理厂建设补助项目。1965 年的《联邦水环境质量法》允许联邦政府对市政污水处理厂建设费用的补助为 55%，而在 1972 年的《清洁水法》将该上限提高到了 75%，还增加了市政污水处理厂建设项目的专项基金，1981 年联邦政府承担的费用又减回到 55%。1972 年《清洁水法》中更详细地区分了常规污染和有毒污染之间的差异，对有毒污染作了更严格的要求，并且延长了 1972 年《清洁水法》中大部分的截止期限。对于常规污染，创建了一个新的标准来代替《清洁水法》BAT 标准。排污限值按照"最常规的技术"来确定，标准的截止日期延长到 1984 年 7 月1 日。对于非常规污染物和有毒污染物（即任何常规污染物列表中未明确列出的污染物），可以继续使用 BAT 标准，但截止日期变更为 1984 年。市区完成二次治理的时间截点从 1977 年推后到 1983年。工业遵从的"目前可利用的最切实可行的控制技术"（BPT 标准）也延迟到 1983 年或者等到预期系统具有普遍应用于工业的潜力的时候。1977 年，《清洁水法》最终修订条款包括引入对将送往公共处理系统的废弃物进行预处理标准。这一标准旨在剔除那些妨碍处理过程的排污行为和不能被废弃物处理设施清除的有毒污染物。要求现有设施必须在标准颁布的 3 年内达标，新建的设施在运行之初就必须符合预处理条例。

1972 年，《清洁水法》明确了州政府在预防、削减污染过程中负有主要责任。州政府也可以继续执行自己的水污染控制规定，但要求不能低于联邦水污染控制的要求，在美国国家环境保护局的批准下州政府对污染许可负有行政责任。1972 年的《清洁水法》经历了 3 次主要的修订，1977 年的修正案主要针对有毒的污染物进行了修订；1981 年对市政公共污水处理建设补助进行了修订；1987 年的《清洁水法》重点加强了对有毒污染物、非点源污染的管理，并加重了民事、刑事违法行为的处罚力度。另外，1981 年《清洁水法》对市政污水处理项目赠款修订为联邦对公共污水处理设施建设项目赠款；更加倾向于政府规制，减弱了 1972 年、1977 年《清洁水法》中强调的以可行性为基础的水质标准，逐步执行适度改善水质标准。国会确定在 1982—1985 年每年拨款 24 亿美元用于公共污水处理建设。

1981 年，联邦政府把承担的污水处理设施建设费用从 1972 年规定的 75%减到 55%（1984 年 10 月起执行），而加大了污水处理项目的创新技术的应用。1981 年《清洁水法》修正案完全取消了公共污水处理工程在 1983 年严格达标的日程安排，宣布了生物处理过程等同于二次处理，同时也宣布取消了公共污水处理厂将污水排到海洋前二次处理的要求。1987 年，国会再一次修订了《清洁水法》，该修正案也称为"1987 年《水质法》"。该法案决定对于公共污水处理项目不再使用联邦政府赠款，而改用循环贷款基金。

"1987 年《水质法》"加大美国国家环保局执行权力，把遵循 BAT 和以最佳常规污染物控制技术为基础的 BCT 技术的最终期限改为 1989 年。国会免除了公共污水排入海水前的二次处理，为公共污水处理厂延长了必须进行二次处理的最终期限。对于其他非点源污染，1987 年《水质法》也延长了通过使用创新技术来遵循基本可行标准的最终期限。要求由州负责识别没有满足水质标准的水体，并向美国国家环保局呈送详细的未满足水质标准的水体名单。最重要的是要求各州识别没有达到预期水质标准的水体，并列出其点源污染有毒污染物清单，并要求在此基础上州政府必须向美国国家环保局呈送每个点源污染单独的控制战略，呈送的点源控制战略要求实施 3 年内水质达标。国会制定了一项快速控制非点源污染的国家政策，要求各州摸清由于非点源污染造成的不能满足水质标准的水体，并准备制定使其满足水质标准的管理规划。如果各州未能提交水体污染清单或提交不够仔细，美国国家环境保护局可以去摸清被污染水体的实际情况，并上报国会，但没有制定联邦管理规划的权利。1987 年《水质法》也包括了对雨水排放的要求：来自农业地表径流不再被限定为点源污染；国会放宽了石油、天然气和矿业生产过程中雨水排放的许可条件；确认了雨水排放许可的适用范围；把雨水排放许可管理限定在大城市和点源污染，10 万以下人口的城市延迟到 1994 年执行；工业污染和公共污染处理必须获得排污许可；市政雨水系统必须消除非雨水进入雨水处理系统。1987 年《水质法》也加强了美国国家环保局的强制执行权，最大惩罚力度由原来的每天 1 万美元增加到

2.5 万美元。《水质法》也加大了对由于疏忽引起的或故意把污染物引入废水系统或公共污水处理系统的犯罪行为的处罚力度；同时加大了对伪造假报表和篡改监管设施的犯罪行为的治罪力度。

1.2.3 最大日负荷总量

美国把联邦水污染控制规制战略转变成 1972 年的基本可行性污染控制模式，这种模式作为联邦规制的主要手段维持了近 30 年。从 20 世纪 90 年代开始，作为对基本可行性污染控制模式的补充，司法判决重新恢复水质标准。21 世纪联邦水污染控制应该限定在多大范围成为一个主要问题。20 世纪 90 年代，尽管美国对点源污染实行了基本可行性标准，但仍然存在许多水质问题，环境学家呼吁美国国家环保局提出更大程度消减的要求。虽然在 1972 年《清洁水法》就规定了最大日负荷总量的要求，但直到 1978 年年底，美国国家环境保护局才掌握了各类污染物最大日负荷总量的计算方法。阿拉斯加在 20 世纪 90 年代卷入了没有执行最大日负荷总量计划的官司，这一事件触发了美国国家环境保护局强制推行最大日负荷总量计划。美国国家环境保护局要求各州每两年呈送一次不满足水质标准的水体信息表和排名，法庭诉讼更进一步推动了美国国家环境保护局的工作力度。1997 年，美国国家环境保护局与该州政府协商在 8~13 年内实现最大日负荷总量（TMDL）计划，另外几个州放宽到 5~20 年。为了形成一致的意见，美国国家环境保护局还专门组织研究机构对这一问题进行研究，研究结论认可 8~15 年内实现最大日负荷总量计划。

2000 年 7 月，美国国家环境保护局重新修订了最大日负荷总量计划的规制，新规制要求各州提供未达标水体的综合信息。在水体水质达标的情况下，针对点源和非点源污染，各州有责任说明什么污染物是最有必要消减的，最终各州不得不制订一个在 10 年内完全达到水质要求的计划。2000 年新规制停止了对非点源污染的短期规制控制；取而代之的是州政府只要能够提供水质达标的合理保证，就可以依靠激励机制和其他的自愿控制措施来实现水质目标。

20 世纪 90 年代起推行的最大日负荷总量计划的诉讼制度，经过多年的运行起到了很大作用。多年来，美国各州和美国国家环保局建立起大量的最大日负荷总量计划，之后推行力度仍然没有减弱。美国水污染治理步入常态化。

最大日负荷总量实施计划使用各种模型、方法，在全国各地采用不同的详细程度的实施方案，在利益相关者的多方参与下取得了一定程度的成功。为了研究针对不同水体的方法、措施改善水质的情况，进行了相关的流域案例研究，明确积极和消极的影响，对实施力度进行识别。这些案例的研究结果表明，各流域由于资源和问题各不相同，单个措施没有办法保证在所有流域都能成功。其中，几个在实施过程都有明显效果的因素为充足的资金、政府机构的关注和参与、在最大日负荷总量发展过程中主要利益关系者的关注、利益相关者参与度、阶段实施和教育活动等。影响评估流域执行工作的最常见因素包括缺乏数据和资金（表 1-2）。

表 1-2　影响最大日负荷总量计划实施的关键性影响因素

积极因素	解　释
流域战略	流域的策略包括许多种，如正式的最大日负荷总量实施计划、一个独立的工作计划、一个独立的总结实施策略等

（续）

积极因素	解 释
最大日负荷总量的计算方式	大部分的污染是基于一套计算方法的发展，无论是流域模拟模型、复杂的统计评价、负荷持续时间，还是简单的方程如 RUSLE。无关数值通常被设置为定性目标，或简单地设置为水质标准
资金支持	资金可用于执行（通常包括美国国家环保局"319基金"及其他流域改善基金）
机构的参与程度	在地方、州、国家、流域之间有重大利益的相关者、参与和合作者以及流域机构表现出更强的参与性
利益相关者参与	有重要的利益相关者的投资、参与和合作
目标实施	流域战略针对特定污染区域和／或需要补救的具体地点制定了具体的实施目标并做出了针对性的指导
执行过程分期	执行过程遵循阶段性方法，有临时目标和阶段性目标
教育活动	在最大日负荷总量执行过程中针对利益相关者的教育活动是有针对性的
其他用于识别污染源的空间数据	在最大日负荷总量研究中特别收集了额外的监测数据，以帮助确定污染的空间分布
领导结构	有一个人或实体被明确指出来领导实施计划
点源利益／参与	在流域上，有大量的利益相关者、参与者和合作者。这些人常常为最大日负荷总量的开发和／或实现工作提供额外的资源、动力或专业知识
技术支持	实施过程中的技术援助是执行的一部分。在流域的大部分地区可提供技术援助，是执行的关键特征
流域利益集团	在发展最大日负荷总量之前，存在一个活跃的流域利益集团
由 TMDL 产生的流域组织	由于最大日负荷总量和／或流域战略的发展而产生的一个流域组织
水质交易	水质交易是实施工作的一部分

（续）

积极因素	解　释
缺乏数据	数据缺乏，用来追踪或证明水质改善或流域特征数据不足
资金损失	在执行过程中没有资金或资金损失
自然灾害	自然灾害，如洪水、干旱、森林火灾等导致水质不典型的行为，使对流域模型水质的改善或重新表征困难
缺乏预先最大日负荷总量监控数据	在最大日负荷总量发展之前收集的监测数据缺乏，使建立基线水质条件困难
领导结构不健全	合作的困难或执行领导结构的解体
国家的科学支持力度弱	对目标污染物处理能力的科学现状缺乏信心

2　美国流域管理体系

　　20 世纪 40 年代，美国著名森林水文与流域管理学专家 Brooks 教授指出，流域是一个地形的概念，指河系（河流）的集水面积。流域是一个水文单位，同时也是一个生态经济系统，流域内人口相对集中，经济文化活动频繁，对环境的影响较为明显。流域管理不是单纯的对水资源的利用，而是对流域内的水土资源及其相关资源的开发、利用和保护进行统一规划与协调。将流域作为一个生态系统，用生态系统的方法来管理流域是流域管理的一大特点。在流域管理中，十分重视公众参与对管理的促进作用。通过参与，加强公众的资源保护意识和团体意识，通过协调消除各团体间的矛盾，以便更顺利地达到管理目标。

　　以流域为单位是各国进行水资源管理的重要内容。大江大河流域其本身形成一个完整的生态系统。同时，大江大河流域又存在着众多的利益相关者，这些利益相关者围绕水资源的利用和保护在很多方面都需要进行利益的协调。因此，无论是从自然的角度还是从社会的角度出发，把大江大河流域作为一个完整的单元进行水资源管理都是非常必要的。

　　美国国家环境保护局从 20 世纪 90 年代起逐渐将流域管理方法运用到水环境管理的各项政策中，并制定了《流域保护方法框架》。在排污许可证发放管理、水源地保护和财政资金优先资助项目筛选等方面充分考虑流域的水质改善和保护，促使各项管理制度在实施过程中可以将有限的资源用于最急需解决的水环境问题上，有效提高了管理效能。

2.1　流域管理体系框架

2.1.1　管理目标和范围

美国流域管理强调治理目标的多重性。统筹考虑水资源、水质、水生态等多重属性，包括水量、水质对水利、环保等多方面的影响。同时强调战略性而非危机性，即政策的制定尤其是规划的编制是立足长远来考虑的，一旦付诸实施可以在很长一段时期有效指导流域的水环境管理工作。

美国的流域管理范围，从空间维度上涵盖了各类水体；从性质上综合评价了水体物理、化学、生物等各方面的要素；从功能上充分强调了饮用、工业、农业、景观、防洪、航运等多个方面作用。

2.1.2　管理机构

负责有关水资源问题管理的联邦政府机构有美国国家环境保护局、联邦流域水资源委员会等。流域水资源管理委员会是为联邦范围内主要河流的管理而设立的，主要目的是解决行政分割造成的流域跨界治理难题，但与一般的管理机构不同的是，它集多种权力和多种职责于一身，职能涵盖从流域水资源的开发、利用、规划、保护、研究，到水产品的生产、经营和销售等。各州政府对于辖区内的水和水权分配、水交易、水质保护等问题拥有很大权力。

2.1.3　法律支撑

联邦政府除了为国内主要河流流域制订水资源综合发展和管理规划，还通过立法强化联邦政府的权威性、控制性，并提供规划执行所需的资金支持。各州政府有权力建立州层面的有关水环境、流域治理的法案，但这些法案必须与联邦相关法案没有冲突，甚至要提出更高的要求，作为对联邦法案的补充。

美国《联邦水污染控制法》的执行条款融民事、行政、刑事等执行机制为一体，执行过程强调"重赏重罚"。除此之外，还有以下特点：一是以立法为先导，通过法律规定流域管理机构的设置和机构职能，明确流域管理机构与地方水管理机构的职责分工、行政程序、职责等，实现对流域（河流）开发治理的依法管理。二是通过立法，明确财政保障。没有联邦政府的财政支持，州和地方政府将缺乏实行充分的污染控制的主动性。三是认可环保组织因"团体利益"而提起的诉讼，使公民和团体参与流域环境监督、实现合作治理更加可行和有效。

2.1.4　运行机制

在联邦管制下，美国目前的流域治理已建立了联邦跨机构合作、联邦跨州协议、地区间的跨州协议及非政府组织等多元治理的模式。

当前的美国以一元体系下多中心合作治理作为州际流域污染

治理的发展方向，即在一元体系（联邦管制之下）引入市场机制，开展以政府、非政府组织、企业和公民个人为参与者的合作治理模式。它主要体现为政府机构间的合作（政府间治理）和政府与民间的合作（公私合作）。

在产生跨界流域治理问题时，跨州协议是最通用的解决途径。跨州协议是州与州之间分配权力和责任的机制。协议签订后，各州还会建立专门的协议委员会来执行跨州协议。这些协议详尽规定了协调机构设置、污染治理费用分配以及纠纷解决机制等内容。在跨州协议失效时，往往寻求司法途径解决跨界污染纠纷，即向最高法院上诉。

联邦跨州协议中，联邦和州都是签约方，都要履行职责和义务，不论在联邦机构或者是州机构，不论是按照联邦法律还是州法律，这种协议都是强制执行的。

为达到某些特定的目的，联邦机构会与其他机构或地区建立联邦跨机构的合作。这种合作一般是非正式的，依据合作章程或参与机构独立采用的决议来管理。优点在于无须设立专门的办公室和人员，仅采取一种网络模式即可达到解决问题的目的，从而更加高效和去官僚化。

关于非政府组织参与政府行为，美国鼓励民间（包括企业和个人）成立非正式的特别工作小组或临时工作小组作为对政府跨流域管理机构统一管理的补充进行协同管理，这样可以引导不同利益主体共同参与，弥补公权力的不足。

美国的水资源管理与整个社会的市场经济紧密融合在一起，通过市场的自发调节和民间机构的运作，既减少了政府的直接干预、提高了管理效率，又节约了政府进行水资源管理的成本。

重视发挥市场的作用。开展水权及水质交易，实现了对水资源的合理利用和水质的有效保护。采取水权确定和水权交易使水资源得到有效配置，排污许可证制度与排污权交易使排污者为获取剩余价值而积极减少污染物排放。水权和水质的交易作为探索中的模式，在客观上已经对美国河流保护公共职能的实现产生了有利的效果，调动了各州、各排污者的积极性，通过市场竞争合作的途径达到了改善河流生态环境的目的。

2.1.5   技术保障

美国每两年对所有水体监测评估一次，并进行优先排名和功能规定，分析可能导致水体损害的风险源，对这些受损水体进行最大日负荷总量管理。其目标是识别具体污染控制单元及其土地利用状况，对单元内点源和非点源污染物的排放浓度和总量提出控制措施，从而引导整个流域执行最好的流域管理计划。

2.2   跨界污染治理

美国国家环境保护局根据《清洁水法》采用最大日负荷总量、水质管理计划、国家污染物排放管理系统、许可证等制度，管理美国流域，防治跨界污染。

2.2.1   跨界断面水质监测

美国地质勘探局从 1991 年开始实时监测全美 42 个流域。依托许可证制度，美国国家环境保护局要求排放单位实施达标监测，采取"自我监测和报告"制度。联邦法律没有特别规定跨界监测责任。目前，由流域各州协议或组织流域水环境管理委员会，规定实施跨界水质监测的责任和实施办法，如俄亥俄州流域内六州组建的俄亥俄州河谷水环境卫生委员会；或者委托美国地质勘探局实施监测，如新泽西松林地区流域委员会。

2.2.2 跨界污染治理责任的法律界定和执行

（1）州政府的跨界污染治理责任

国会明确赞同建立州际水污染控制协议，并鼓励州开展治理合作互助。《清洁水法》规定州应采取措施解决跨州水污染，其许可证制度能预防跨界污染。美国国家环境保护局授权具备资格的州发放许可证，在污染源可能影响他州时，该州必须将许可证所有相关申请材料、许可证副本递交美国国家环境保护局局长。如果该州不能保证下游州水质在许可证生效后不受影响，局长有权否决该州发放这些许可证。

（2）联邦政府的跨界污染治理责任

尽管法律规定州的跨界污染治理责任，但是，联邦政府依然负有治理责任。1972 年前，跨州界水污染就属于联邦环保部门管理范畴。《清洁水法》赋予美国国家环保局多项控制跨界污染的权力，其中最重要的强制性责任是：必须鼓励州际预防、削减和消除污染的合作行动；鼓励州改进预防、削减和消除污染物的法律；鼓励州际污染防治协定的达成。

（3）跨界污染责任的执行

解决跨界污染纠纷的执行分为三类。

第一类是自行协商模式，即上下游自行协商制定州际协议。美国宪法允许州达成州际协议，在国会批准后执行。法院鼓励州通过协商解决水质纠纷。协议的初衷是解决州际水量分配冲突。随着水质问题逐渐上升为流域水纠纷的主要问题，在州际协议不能解决水质纠纷时，越来越多的水质纠纷诉诸司法。

第二类是司法诉讼模式，即通过司法裁决跨界污染纠纷。在新许可证的发放影响本州水质达标时，受污染影响的州不能阻止该许可证的发放，而只能向美国国家环保局提出上诉。这是跨界问题多采用司法模式的原因之一。早在1921年新泽西州和纽约州的跨州水污染纠纷案中，美国最高法院就表明了态度，认为"像该案例这样的纠纷，通过合作和协商会议相互让步可以更好地解决"。早期案例的司法裁决结果表明，最高法院往往驳回下游对上游的诉讼。这使1972年后联邦更多地参与了跨州水污染纠纷，保障下游州利益的案例逐渐丰富。

第三类是行政命令模式，由美国国家环保局发布命令让州政府整改。限于国会希望给州灵活的治理权，美国国家环保局行政条令并没有成为常规手段。美国国家环保局往往使用越来越严格的达标排放标准加强管制，却招致了州际恶性竞争。

2.3 流域管理经验

萨斯奎哈纳河是美国汇入大西洋的最大河流，是美国的第十六大河流，以该河流域为例介绍美国流域管理经验。萨斯奎哈纳流域面积71 410 km²，流经纽约、宾夕法尼亚、马里兰3个州。尽管萨斯奎哈纳流域不少地方还相对欠发达，但是其流域内也有忽视环境的历史。大面积的原始森林被砍伐，大量的煤炭被开采，土壤被侵蚀，河流被酸矿水污染，工业废水肆意排入河道。多年的水污染、大坝建设和过度捕捞曾几乎让洄游鱼种绝迹。

多年来，萨斯奎哈纳流域委员会与联邦和地方政府密切合作解决萨斯奎哈纳流域的问题。通过严格的法律限制点源污染、管理采矿、控制水土流失。经过努力，萨斯奎哈纳流域的水资源状况大为改善。流域委员会正在继续与联邦和地方政府密切合作监测和控制非点源污染。

2.3.1　萨斯奎哈纳流域管理委员会

萨斯奎哈纳河流经人口稠密的美国东海岸。它是联邦政府划定的通航河流，因此涉及联邦和 3 个州的利益，需要 3 个州和联邦政府协调涉水事务，并且需要建立一个管理系统以监督水资源和相关的自然资源的利用。这些现实的需要，导致了《萨斯奎哈纳流域管理协议》的起草。该协议经过纽约、宾夕法尼亚、马里兰 3 个州的立法机关批准，并于 1970 年 12 月 24 日经美国国会通过，成为国家法律并得以实施。这部协议提供了一个萨斯奎哈纳流域水资源管理的机制，指导该流域的水资源保护、开发和管理。在它的授权下成立了具有流域水资源管理权限的流域水资源管理机构——萨斯奎哈纳流域管理委员会。

萨斯奎哈纳流域管理委员会的管辖范围是整个萨斯奎哈纳河全流域。其边界由萨斯奎哈纳河及其支流流域形成，而不是行政界。作为一个州际间的流域机构，在《萨斯奎哈纳流域协议》的授权下，该委员会有权处理流域内的任何水资源问题。该委员会负责制定流域水资源综合规划。这个规划是一个经官方批准的管理和开发流域水资源的蓝图，它不仅是流域委员会的规划，而且是其成员（纽约、宾夕法尼亚、马里兰 3 个州和联邦政府）的规划，并指导相关政策的制定。委员会的每个委员代表其各自的政府。来自联邦政府的委员由美国总统任命，3 个州的委员由州长或其指派者担任。委员们定期开会讨论用水申请、修订相关规定和指导制订影响流域水资源的规划。4 个委员各有一票的表决权。委员会在执行主任的领导下，组织开展技术、行政和文秘等方面的委员会的日常工作。

更重要的是，流域委员会填补了各州法律之间水管理的空白。例如，委员会管理旱季水量，促进水资源的合理配置。委员会审查所有地表水和地下水取水申请，以帮助确保所有用水户和河口地区有足够的淡水。这不仅保护了环境，而且促进了经济发展和工业繁荣。

2.3.2 萨斯奎哈纳流域管理的优势

萨斯奎哈纳流域委员会在《萨斯奎哈纳流域管理协议》的授权下，能处理流域里的任何水资源问题。流域制定水资源规划指导流域水资源的开发与保护。萨斯奎哈纳流域注重水质、湿地、洄游鱼类和珍稀物种的恢复和保护，重视水工程对文化价值的影响。近期的流域综合规划则更加注重目标的设定、重要领域的选择、优先区与优先行动的设定，而很少会涉及单个具体的工程项目计划。

萨斯奎哈纳的防洪措施是综合型的。萨斯奎哈纳的经验表明，工程措施与非工程措施相结合的防洪方案是最有效的防洪方案。

非工程的防洪计划包括洪水预报和预警、洪水保险、公众防洪教育、洪泛区的管理等，是非常有效的节约防洪成本的方法。

流域采用了取水许可和排污许可制度，萨斯奎哈纳流域更多地采用了经济手段，水权相对而言比较明晰，市场机制比较完善。

萨斯奎哈纳流域从 20 世纪 80 年代后期开始重视非点源污染的防治。河流两岸由森林、草地组成的缓冲带和岸边湿地，对降解非点源污染起到了良好作用。另外，土地拥有者分摊非点源污染防治费用是一个十分重要的手段，目前相关的实践经验已经形成了成套的管理政策。

2.4 对我国流域污染治理工作的启示

2.4.1 加强流域管理政策法规的制定

国家相关部门在与地方和其他利益相关单位充分协商的基础上，针对流域管理的实际，起草和制定流域管理法案，如在长江经济带大保护的背景下出台《长江经济带水资源与水环境保护法》可作为流域管理的框架文件，依法实行流域水环境管理。

2.4.2 建立综合性的流域委员会

我国现行的流域管理机构是流域机构。流域机构是水利部派驻的流域水行政管理机构，统筹协调整个流域的水利事项（包括水文测验、水资源规划、水资源配置、水利工程建设、水利工程运行调度、防洪除涝、水害治理等）。水利厅是省（自治区、直辖市）所属的水行政主管部门。两者之间所管理的事项有交集，对这些有交集的事项，水利厅应接受流域机构的指导或批准。

可在此基础上成立流域综合管理委员会，该委员会的委员应包括国家环保、水利相关部门，流域内的相关省（自治区、直辖市）的代表，将生态环境保护的职能纳入流域综合管理委员会的职责。现行的流域机构可作为委员会的办公室，主持流域管理的日常事务。流域委员会的主要职能是制定并监督实施流域水环境、水资源综合规划，负责协调跨境流域水资源的保护与开发、水环境的治理和改善。流域委员会定期或非定期召开会议，讨论流域管理的重要技术和行政管理事务，协调省际水环境和水资源的矛盾或纠纷，进行流域管理决策。

2.4.3 改革水环境（涉水）管理机构

当前水环境管理的机构在设置上存在部门之间、流域和区域之间的事权划分不明晰，在水资源开发、保护与管理中职责交叉，不利于对水资源的统一和高效管理，有时甚至成为制约条件。目前，流域的职能管理机构包括两部分：一是水利部下属的职能部门，如黄河水利委员会，负责黄河流域的管理工作；二是生态环境部的下属单位。但是基本上还是以行政单元为格局，采取分区划片的治理方式。近两年在推行"河长制"，但似乎仍没有解决流域这个复杂问题，因为流域上下游的衔接并不是几条河的管理就能解决的。因此，须进一步改革，明确各部门之间的责任、义务、关系及在水管理过程中所处地位，加强各行政主体之间的合作与沟通。

2.4.4　完善和落实取水与排污许可制度

在中国缺水问题日益严重的情形下，提倡节约用水和提高用水效益应该是必然趋势。水资源、水环境管理应充分采取经济和法律的手段，合理调整水价，明晰水权，促进市场机制的形成。通过完善的许可制度、水价和排污费制度，限制高耗水、高污染的行业。加强对公众节水意识的宣传教育，建立节水型社会。

3 美国饮用水水源地保护管理相关研究

美国饮用水水源地的保护开展得较早,一些州从 20 世纪 50 年代即开始采用"多重屏障"措施保护饮用水水源免受微生物污染。联邦层面的水源保护也有几十年的经验,目前在美国联邦体系框架内已形成了以法律为基础、以评估和保护计划为支撑、以多元参与为手段、以灵活的资金保障为支持的水源地保护体系,这些对我国饮用水水源地保护工作的开展具有一定的启示和借鉴作用。

3.1 法律基础与实施

美国的水环境管理法律和条款很多,多数都基于《安全饮用水法》和《清洁水法》,这两部法律共同为饮用水水源地的保护提供法律基础,尤其是 1996 年《安全饮用水法》修正案明确提出要求各州制订饮用水水源地评估计划,在评估计划获美国国家环境保护局批准后,各州必须在 2 年内完成所有公共供水系统的评估工作,并根据评估结果制订相应的保护计划(图 3-1)。

基于风险削减的总体原则,《安全饮用水法》提出了一套评估、保护方法体系,包括水源地的风险识别(保护区划分与污染源清单)、风险分级及筛选(易感性分析)、风险管理措施(预防计划)以及饮用水供应应急替代方案(应急计划)等一揽子保护计划。同时,《安全饮用水法》还规定建立州饮用水循环基金用于保证饮用

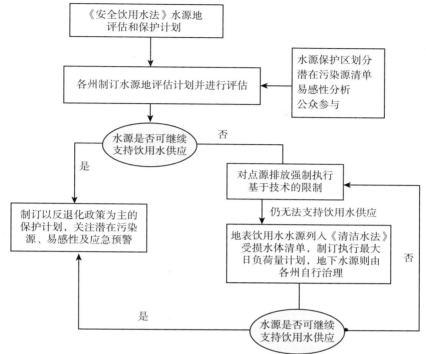

图 3-1 SDWA 的水源地评估和保护实施框架

水水源保护相关项目实施，此外还要求开展更广泛的公众参与工作，并对公众提交信心报告。《清洁水法》的前身是《联邦水污染控制法》，是控制美国污水排放和水环境防治的基本法规。《清洁水法》要求各州根据美国国家环保局颁布的水质基准为其辖区内的地表水体制定满足指定用途（功能）的水质标准，并提出保护水体的反退化政策。如果水体功能为提供饮用水水源，其水质标准要足以支持该用途。此外，《清洁水法》还提供多种执行计划和手段治理受损的饮用水水源地，如强制执行的最大日负荷量计划和国家污染物排放削减系统等，并提供资金支持，鼓励公众参与。地下水源是饮用水的重要来源之一，由于地下水极易受粪便等污染，《安全饮用水法》要求所有地下水供水系统需进行消毒，采取风险导向的管理方法，防范微生物的污染，主要按照《地下水规范》要求进行监管。此外，美国各州也有其相应的饮用水水源保护法规，美国国家环境保护局还为各州饮用水水源评估与保护计划制定了多种可行的导则和规范，全面指导各地实施。

3.2　饮用水水源地评估和保护计划实施

划分饮用水水源保护区，水源保护区是指可能会被污染源污染的供水流域或地下水区域。美国划分饮用水水源保护区的目的是确定影响饮用水水源地水质的土地、水体区域，同时确定该地区内可能会对饮用水供应造成潜在风险的物质和活动。划分饮用水水源保护区可采用的方法很多，可根据各自具体情况确定。污染源清单与易感性分析的作用是在完成保护区划分后，调查保护区内可能影响饮用水供应的已知和潜在污染源及威胁活动，污染源清单利用分级或排序方法标明对每一个潜在风险的关注程度，以便减少或消除这种潜在风险。清单关注的污染物通常根据《安全饮用水法》的要求确定，州政府也可根据情况，增加对公众健康构成威胁的污染物清单内容。重要的典型潜在污染源包括垃圾填埋场、地下或地上储油罐以及住宅或商业化粪池系统等。

易感性分析是指基于污染源清单和其他相关因素来辨识水源地对不同污染物的易感性或脆弱性，有利于为饮用水水源保护区管理提供决策支持。目前有的州对确定的可能会污染水源的潜在污染源或特定化学物质进行了易感性排序，有的州则制定了易感性的高、中、低分类等级。水源地评估是《安全饮用水法》强制规定的州和地方必须完成的职责工作，饮用水水源地保护计划实施饮用水水源地评估的核心目的是制订、完善和实施水源地保护计划。《安全饮用水法》和《清洁水法》也为饮用水水源保护提供了多方面支持。在保障水源安全的各项措施中，地表水型水源地可根据《清洁水法》实施点源与非点源的控制策略，地下水型水源地则可根据各州的相关法规进行治理。美国国家环境保护局对地下水水源的保护实施较早，至今已有多个实施计划和政策措施可单独或联合应用到地下水源保护计划中。

3.2.1　井源保护计划

美国全国性的井源保护计划由美国国家环境保护局负责，地调局组织实施，该计划要求各州划定现有井或新井的补给区，以保证区内或者附近的土地利用等开发活动不会污染水井。该计划从国家层面以综合和全面的角度，分析和核查潜在的污染源，如工业场所、运输中心、农业污染区、燃料储备设施及来自高速公路的暴雨径流等。目前，美国已对承压含水层和裂隙含水层及农业区的含水层开展了井源保护计划，并做了大量工作，包括井源保护区的划定和控制方法改进、污染运移转化规律研究、多污染源的风险分析、农业区的井源保护与检测战略等。调查研究持续地下水开发对重要区域含水层系统的响应，全面实施地下水资源保护工作。

3.2.2 唯一源含水层保护计划

唯一源含水层保护计划指那些事实上没有可替代水源的、提供 50% 以上服务区饮用水保障的唯一源含水层。一旦地下水体被确定为唯一源含水层，则该水体涉及地区的某些特定项目需经美国国家环境保护局审核，在确定项目不会危害水源地功能安全后方可实施。联邦资助的受美国国家环境保护局审查的唯一源含水层计划的项目包括公路改善和新公路建设项目、废水处理设施、涉及暴雨管理的建设项目等。

3.2.3 地下灌注控制计划

地下灌注控制计划的任务是通过规范灌注井的建设和运作，保护地下饮用水水源免受污染。美国有超过 80 万个处理各种废物（一部分处理危险废物）的灌注井，因而管理好地下灌注井对保护地下饮用水水源具有重要意义。

3.2.4 地表水水源保护——基于流域管理的保护理念

美国从 20 世纪 90 年代初即开始强调实施地表水体的流域管理计划，饮用水水源的保护也受益于《清洁水法》规定的各类流域保护计划。对于受污染的饮用水水源，首先按照国家污染物排放削减系统要求，为点源制定基于技术的排放限制措施，如水体仍不能达到功能水体质量标准，则将该水体列入受损水体清单，各州须为受损（污染）水体制订和实施最大日负荷总量计划。美国的许多成功案例表明，受污染的水源水体通过最大日负荷总量计划水质得到有效改善，经严格评估后重新成为饮用水水源地。根据美国国家环境保护局发布的最大日负荷总量计划指南，点源负荷可通过国家污染物排放削减系统进行管理，非点源负荷则通过实施最佳管理实践得以削减（图 3-2）。

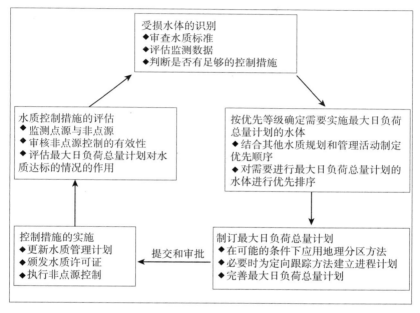

图 3-2　TMDL 计划指南制订实施的基本流程

3.3　应急响应计划和资金支持保障

尽管饮用水水源评估与保护计划的目标是防止污染事件发生，保障水源地安全，但也应包括应对意外突发事件的响应计划与机制。美国国家环境保护局在 2003 年颁布了《饮用水源污染风险及突发事件的预警与响应编制导则》，该导则建议，应急计划的制订可综合各项水源地评估结果，一是在划分保护区时可综合"传播时间计算法"用于突发事件边界划定（目前很多州建议响应时间长度为 4 小时）；二是使用潜在污染源清单来识别特定紧急情况下有可能的风险源；三是确定替代水源实施可能性等内容。资金支持保障坚持"预防胜于治理"原则。目前，美国没有专门用来落实水源保护计划和活动的专项资金，但是有广泛的资金来源支持各类饮用水水源保护活动：一是水源地补助资金。该资金主要用于将饮用水水源保护整合到地方一级的综合性土地、水体管理保护计划的示范性建设项目中，执行期限为 4 年。二是《安全饮用水法》资金（州饮用水循环基金）。《安全饮用水法》授权州建立饮用水循环基金（清洁水循环基金）计划，以帮助公共供水系统筹措饮用水基础设施建设所需费用，采取将联邦拨款与州配额拨款借贷给地方实施饮用水相关项目，获得的利息和本金以循环使用的方式运作。截至 2007 年，各州已为 5 200 多个项目提供近 130 亿元的贷款。三是《清洁水法》资金（州清洁水循环基金）。《清洁水法》为各州提供清洁水循环基金，长期支持保护和恢复国家水体项目。清洁水循环基金可为非点源污染控制、最大日负荷总量计划等关注饮用水水源水质的项目提供资金支持。

3.4 对中国的启示

3.4.1 进一步完善水源地保护法律机制

目前，饮用水水源地保护已引起我国有关方面的重视，《水污染防治法》从立法目的、指导思想、结构和惩罚 4 个方面加强了饮用水水源安全的法律保障，原环境保护部还印发了相关规范与指南，取得了较好的阶段性成果。相比之下，美国的水源地保护是以《安全饮用水法》和《清洁水法》为基础，两法明确规定实施各项计划。美国水源地的评估是强制的，但水源保护计划却是可选择的，这是符合其国情的。美国有40年的地表水、地下水大力整治的基础，而我国这方面的经验尚浅，加之处于经济高速发展时期，必须在立法上强化对饮用水水源的保护力度，要制订切实可行的保护计划。因此，我国必须采取饮用水水源地评估与保护措施并举的方式，只有这样才能应对日益严重的环境压力并满足快速发展需求。

3.4.2 统一并完善饮用水水源水质标准

尽管美国在国家层面上没有为水源水质设立专门的标准，但由于其标准是各州制定，并由美国国家环境保护局统一管理饮用水和水源地，其标准体系之间可以达到协调统一。我国目前没有独立的饮用水水源水质标准，地表水水源地执行的是《地表水环境质量标准》，地下水水源执行的是《地下水质量标准》，饮用水水源卫生标准执行《生活饮用水卫生标准》，城市各供水系统执行的则是《城市供水水质标准》。上述标准之间的指标和限值不协调，因而建议协调、统一各标准。此外，按照美国《安全饮用水法》要求，美国对饮用水水质标准实行滚动更新制度——污染物候选清单，定期对管制的污染物进行更新。虽然美国的水源地水质评估并未采取此项制度，但由于美国水源地和公共供水系统多是一体化管理的，污染物候选清单机制也就间接地反映在饮用

水水源保护过程中。这种逐步更新必要监测指标的管理理念同样
也比较适合我国各地经济、污染物特征差异较大的国情，我国水
源地水质标准也可借鉴其整体思路，逐步建立面向我国不同地区、
不同饮用水水源地特征的候选污染物动态评估与注册制度，并定
期（可为 4~5 年）进行补充、修订，加强对我国饮用水水源地特
定污染物潜在健康风险的监管。

3.4.3　加强对饮用水水源地的治理及应急预警

我国水源地基础调查结果表明，许多地方的水源地水质并不
乐观，有的水源地已经接近风险临界状态，备用水源地的保障往
往存在诸多实际问题，因而现役水源地的保护和治理就显得尤为
重要。美国最大日负荷总量计划在水源地的污染水体治理方面有
很多经验，建议一些有条件、有需求的地方参照最大日负荷总量
思想理念试点实施。在国家层面上，在流域一体化管理总体思路
下，有必要实施顶层设计、科学规划、渐进推进、区别实施、有
效果保证的饮用水水源地水质反退化保障策略，这样可以保证水
源地污染源结构与组成识别上更加科学，保护措施的方向性选择
以及相关技术保障上更加合理、可行、优化。

近年来，我国频频出现因水源污染而引发供水危机的事件，
将我国水源地薄弱的应急预警管理机制暴露无遗，提醒我们在饮
用水水源地保护建设中必须建立完备的应急预警及响应保障体系。
美国的水源地应急预警体系建设提示我们，各地方在划分水源地
保护区时应同时考虑其应急预警机制建设，保护区划分时的污染
源调查清单及易感性分析工作可作为应急预警计划的前期必要储

备，要定期进行必要的应急演习，制定可操作性强的应急响应策略。国家也应出台相应的指导规范，指导各地方水源地应急预警策略的建立。自 20 世纪 70 年代以来，美国国家环境保护局就开始建立全国统一的决策支持平台，80 年代初只建立了包括水文、污染源及水质监测数据的 ERF 数据库；到 2001 年，建设完成了集水文、气象、空间信息、土地利用与覆被、污染源、水质等大量信息在内的 NLCD 数据库平台，从而为科学、及时、有效的决策支持系统建立提供了可靠的技术保证。美国国家环境保护局十分重视公共参与平台的建设，互联网、"3S" 技术及后台数据库支持的 Enviro Mapper 平台已成为美国国家环境保护局网站主要查询、分析系统，向全社会开放，其近期升级的水环境多目标评估、分析、预测与决策系统已经将基于流域的负荷模型、水质 — 水文动态模型、生态系统响应模型以及毒性风险评估预测模型有机地整合成完整的决策支持平台，满足了《清洁水法》《安全饮用水法》的法律及管理需求。

3.4.4　建立国家级饮用水水源地保护决策支持平台

尽快建立适合我国特点及管理需求的、现代科学技术手段支持的国家级饮用水水源地保护决策支持平台是我国目前乃至未来一段时间亟须面对的挑战之一。在水源地保护资金方面，我国目前主要的水源保护资金来源于国家的专项拨款，但仅靠国家财力很难对全国数万个水源地进行有效、及时的保护。美国水源地的资金支持体系则是由联邦为各州提供低息贷款，资助地方相关项目建设，这是比较符合市场经济规律的方法。但若我国目前立即建立类似的信贷循环基金制度，可能会打消地方保护水源的积极性。因而建议我国依旧沿袭以国家拨款支持为主的资金支持制度，但可以要求各地方政府给予一定的国家拨款配额，协助水源地的保护。此外，建立良好的水源地保护资金审计制度也是十分重要的。

4 美国地下水管理发展进程及典型案例研究

4.1 美国的地下水保护立法概述

美国水资源的保护立法始自 20 世纪初，经过一个世纪的建设，现已形成了全面、严格的水资源保护管理法律体系，其中主要的法律法规有：《安全饮用水法》《资源保护和回收法》《综合环境反应、赔偿和责任法》《联邦杀虫剂、杀菌剂和灭鼠剂法》《有毒物质管理法》《清洁水法》。

《安全饮用水法》是美国在 1974 年制定的一部水资源保护法。该法涉及地下水保护的内容有：

（1）地下水监督、评估制度。为确保地下饮用水的安全，该法授权美国国家环境保护局对地下水实施动态监控，并进行定期评估以确保水质达标。

（2）地下水注入控制计划。该计划授权美国国家环境保护局对地下水的回灌、补充进行监管。监管的范围包括地下水注入工程的修建、运营，注入井的管理，回灌地下水的水质监控，甚至包括地下水中 CO_2 的含量等。

（3）私有水井的监管。为避免私有水井对地下水的负面影响，美国还把私有水井纳入政府的监管范围，并对私有水井提出了严格的监管要求，监管范围包括私有水井的位置，私有水井的水质、水位。

（4）辅助性地下水保护措施。依据 1991 年建设的国家监测系统，美国国家环境保护局建立了联合用水机制，倡导地表水和地下水资源的联合利用，禁止过度开采地下水。在地下水过度开采区，通过"增加天然补给量"、"工程截留诱发补给"及"直接通过水井注入补给"等"人工补给"手段来保护地下水安全。

《资源保护和回收法》是美国在 1967 年制定的一部法律，在此基础上，1984 年又修正颁布了《联邦危险废物和固体垃圾法案》。该法授权美国国家环境保护局对有害废弃物实施从排出到最终处理的全程监控管理，同时还授权美国国家环境保护局在紧迫情况下采取紧急措施。《联邦危险废物和固体垃圾法案》中构建的预防对固体废物污染土地的机制客观上也预防了由于土地的污染可能引发的地下水污染。

《联邦杀虫剂、杀菌剂和灭鼠剂法》是美国 1947 年通过的一部法律，该法建立了针对农药及相关产品的依法标示程序，对有可能污染地下水的杀虫剂做了罗列式规定，并要求企业、个人减少使用这些杀虫剂的减少对地下水的影响。该法还针对杀虫剂污染地下水行为建立了"杀虫剂举证责任制度"。

《有毒物质管理法》通过对化学物品和农药等（包含容易对地下水产生影响的物质）的生产、流通及使用进行监控来实现对地下水的保护。该法授权美国国家环境保护局制定有毒物质管控工作框架，包括对有毒化学物质的运输、生产、储藏和使用的风险评估，以及制定预防有毒化学物质风险的各种预案，同时还授权美国国家环境保护局可以对任何生产、加工、储存、放置化学物品的设施、建筑、房产及工具进行检查，并在危急情况下可以向法院申请司法救济。

《清洁水法》是一部集中保护地表水水质的法律，被称为美国地表水保护的法律基石。该法中的很多制度也涵盖了地下水的保护。如该法规定的减少"点源污染"客观上也预防了对地下水的污染，要求在"点源"排放任何污染物都必须获得全国污染物排放削减系统的许可，尤其是工业设施和公有污水处理厂。《清洁水法》还制定了美国水域的污染物排放和调节地表水的质量标准。

《综合环境反应、赔偿和责任法》有时也称为《超级基金法》，是美国政府为了清理危险废物、被有毒有害物质污染的环境而制定的一部法律。该法授权有毒有害物质和污染疾病登记局清理和治理对美国公众健康和自然环境造成或者潜在造成影响的有毒有害物质，同时规定其有权要求排放有毒有害物质的责任方消除影响，其中包括对地下水的污染影响。该法还规定如若找不到施害方时，可以借助超级基金来清理受影响的范围。

4.2 美国地下水污染防治现状

由于地下水污染修复项目成本高、周期长、难度大，美国地下水污染防治工作思路是防治结合，而且相对而言污染预防具有成本低、可考核、易实施的优点。

（1）美国重视地下水污染源头预防措施。如 1998 年美国国家环境保护局要求所有的地埋式储油罐更新换代为双层油罐，从源头上减少储油罐泄漏风险；所有垃圾填埋场必须要有防渗系统和渗滤液收集系统；有毒有害危险废物贮存池要定期开展防渗监测。

（2）美国地下水污染治理项目数量众多。其中，美国地下水污染修复管理项目主要包括 50.4 万个地下储油罐污染清理项目，1.1 万个超级基金清理项目，45 万个棕地清理项目和 3 万个军事设施恢复计划等。

（3）美国部分地下水污染治理项目费用较高、周期长、目标难实现。目前，美国共有 1 664 个污染场地列入超级基金的国家优先名录，其中 360 个污染场地已清理完毕，1 304 个污染场地仍留在国家优先名录内。每个超级基金项目的平均治理成本为 2 700 万美元，每个项目的平均治理持续时间为 11 年，州级政府负担 10% 的补救行动开支、100% 的运行维护成本。

（4）美国多方筹措超级基金。超级基金主要源于政府拨款、石油和化学产品征收的专门税、针对一定规模的企业征收的环境税、向《超级基金法》违法者征收的罚款和惩罚性赔偿金、从污染责任方收回的场地修复成本、基金利息收益等。在1980 年设立之初，超级基金主要来源于对石油和 42 种化工原料征收的专门税，1986 年出台的《超级基金修正及再授权法》除了将上述石油征税提高，还增设了两项新的税收，一是对 50 种化学衍生物征税；二是对年收入在 200 万美元以上公司所征收的环境税，税率是超过 200 万美元应纳税所得额的 0.12%。

4.3 美国地下水污染防治经验

4.3.1 完善污染防治法律体系，明确组织机构分工

第一，美国地下水相关法律相对完善，主要有《安全饮用水

法》、《资源保护和回收法》、《综合环境反应、赔偿和责任法》（又称《超级基金法》）等。1986年，《安全饮用水法》提出了地下水源头保护计划，其中地下灌注控制条例根据灌注物质不同分为6类进行管理。《资源保护和回收法》对固体废物和危险废物的贮存、运输、处理和处置作了规定，以预防地下储油罐、垃圾填埋场和危险废物处置设施等对地下水造成污染。《综合环境反应、赔偿和责任法》设立了联邦"超级基金"，用于清理无主的危险废物场地、因事故泄漏等事件引起的地下水污染。

第二，美国地下水污染防治组织机构分工明确。美国地下水环境管理涉及美国国家环境保护局、农业部、内政部、能源部等多部门，各部门按照职责分工，各司其责、信息共享，合力推进地下水环境管理工作。美国国家环境保护局在有关法律授权的范围内，主要负责重要污染点源与饮用水水源的地下水环境保护工作；美国国家环境保护局内地下水环境管理工作由水办总牵头，包括固体废物和应急响应办公室、化学品安全和污染预防办公室、研究和发展办公室等机构。

4.3.2 开展地下水环境调查，掌控地下水环境状况

第一，美国重点针对对地下水水质威胁较大的地下储油罐、城市垃圾填埋场、有毒有害地下贮存池等污染源开展调查评价。1986年，美国启动了对150万个地下储油罐泄漏状况的调查，大约1/3的地下储油罐确定发生了泄漏，地下管线泄漏的平均年限为11年，地下储油罐发生泄漏的平均年限为17年，这些都造成了甲基叔丁基醚、苯类等地下水污染。调查发现老旧垃圾填埋场

地下水环境问题突出，1950—1970 年兴建的垃圾填埋场大都没有设置防渗设施或渗滤液收集系统，造成周边的地下水受硝酸盐、重金属和有机物污染。1989 年，据估算 45 万个有毒有害地下贮存池发生了泄漏，严重威胁了地下水环境安全。

第二，美国区域层面地下水环境调查评价以 10 年为周期轮回滚动实施。美国于 1991 年启动了国家水质评价计划，每 10 年对区域层面地下水水质进行一次评价。第一个 10 年计划（1991—2001 年）期间，对 51 个区域含水层研究单元（全美可划分为 62 个主要的含水层）进行了地下水水质评价，查清了地下水水质背景状况；第二个 10 年计划（2002—2012 年）期间，在对主要含水层进行整合的基础上，针对 42 个区域含水层单元水质状况和发展趋势进行了评价。目前，美国各类地下水水位和水质监测点约 42 000 个，每一个点都有包括经纬度、井深、含水层结构等信息。

4.3.3　利用地下水健康风险评估，判断地下水污染程度

第一，美国地下水环境管理统筹考虑水质和风险因素。美国初期地下水环境管理以水质目标为单一要素，当地下水污染修复成本过高、修复周期过长或技术不可行时，将统筹考虑健康风险因素，将地下水环境管理目标设置为适合于特定场地或地下水利用方式的污染物可接受风险水平。

第二，美国颁布了一系列科学的、可操作的土壤和地下水健康风险评估技术指南。地下水污染治理过程中引入健康风险分析评价始于美国的超级基金计划。美国国家环境保护局于 1989 年颁布了《超级基金人类健康风险评价导则》，明确了地下水污染多途

径风险评价方法，采用风险评价方法确定地下水污染治理目标和方案。对于非致癌污染物而言，必须保证人群的日暴露量对其终身都不会产生不利影响；而对于致癌污染物而言，美国推荐使用 10^{-6} 为单一污染物风险目标，10^{-4} 为累积污染物风险目标。

4.4　美国治理地下水的典型案例

美国最著名的地下水污染事件发生在 1978 年。在距尼亚加拉瀑布不远处，有一条意为"爱之河"的拉夫运河。有一段时间，这条河带给人们的不是爱，而是病痛。1947—1952 年，当地一家名为"福卡"的化学工业公司把含二噁英和苯等 82 种致癌物质工业废料约 21 800t 排入运河，运河被填埋后，这一带变成一片广阔的土地，开发商盖起了大量住宅和一所学校。从 1977 年开始，这里的居民不断发生各种怪病，孕妇流产、儿童夭折、婴儿畸形、癫痫、直肠出血等病症也频频发生。后来，含多种有毒物质的黑色液体从地下渗出地面。1974—1978 年，这里出生的孩子 56% 有生育缺陷，自从搬到拉夫运河，妇女流产率增加 300%，泌尿系统疾病增加 300%。

拉夫运河事件造成巨大的社会影响和人们对政府的信任危机。1980 年，卡特总统颁布了划时代的法令，创立了《超级基金法案》，其中规定了极其严厉的连带环境责任制度，防止企业将危险废物肆意排入地下。在美国，有些地方允许向地下排放污水，但必须通过专门的方式排放。因为地下水循环很慢，修复更困难，美国对地下排污的水质要求要高于地表排污。

目前，美国 89% 的工业废水，采用深井灌注的方式被深埋到地下。这种技术顾名思义，就是在地质结构符合条件的情况下，构筑一个千米深井，然后将工业废液灌注入内，封存其中。在灌注过程中，废液会穿越若干个地层，会有6层安全保护管道将废液和周边地层完全阻隔。随着时间推移，酸性废料和碱性土壤层中和，最终实现无害化。

这种深井灌注排污的前提是保证排放物与地下水完全隔绝。现在人们开采地下水的深度一般不超过300~500 m，"深井灌注"的井深通常要达到800 m，甚至超过3 200 m。

然而，在美国历史上，始于20世纪50年代的深井灌注技术还是遇到过两次事故，一次是1966年在科罗拉多州，一家化工企业在利用深井灌注废液过程中由于压力过大引起了地震。另一次事故是某一个深井管道受腐蚀，造成渗漏。

1980年，美国国家环境保护局在经过多年研究后颁布《地下灌注控制法》，将原来的3层安全保护管道提高到了6层。1984年，美国国会颁布的《危险固体废物修正案》，首次对灌注区的废料提出了"无转移"的要求。1988年，美国国家环境保护局又颁布了一部法案，要求企业在实施深井灌注的时候，必须提供"无转移"示范证明，确保在1万年内所灌注液体的有害成分不会从灌注区发生转移，或者当有害废料离开灌注区的时候，已经不再含有有害成分。从此之后，美国再也没有发生任何因深井灌注造成的事故。

美国除了完备的立法，技术革新也为地下水污染修复带来了曙光。可渗透反应墙（以下简称"PRB技术"）是目前欧美许多发达国家新兴的用于原位去除地下水及土壤中污染的方法。可渗透反应墙是一面由活性铝、活性炭及沸石等活性物质组成的埋在地下的"墙"。当污染物通过反应墙时，通过离子交换、表面络合、表面沉淀、生物降解等作用除去污染物。这项技术已经在北美和欧洲地区成熟应用，在治理点源污染上收效良好。

20 世纪 90 年代初，美国北卡罗来纳州伊丽莎白城东南 5 km 处受到铬和三氯乙烯的严重污染。1996 年，一面长 46 m、深 7.3 m、厚度为 0.6 m 的连续地下渗滤墙建成，成功修复了被污染的地下水。6 年后，美国国家环境保护局的报告指出，这面建造成本为 5 万美元的"墙"几乎不需要运行费用。

4.5　对我国地下水污染防治的启示

美国地下水污染防治法律规范、调查评估、防治措施、经费筹措等方面有很多经验和教训值得借鉴，结合我国国情提出如下建议：

第一，应进一步完善我国地下水保护法律和标准，研究建立地下水信息共享机制。我国《水污染防治法》地下水相关内容偏少，对地下水环境监测、污染灌注等缺少相关要求，我国关于地下水环境监测、调查评估和污染修复等的技术指南尚不完善，应修订完善《地下水环境监测技术规范》，编制地下水环境调查、地下水环境评估、地下水污染修复防控等技术指南。研究构建适合我国国情的地下水环境保护管理机构，协调国土、水利等部门，研究建立地下水信息共享机制。

第二，定期开展地下水环境调查、监测和评估，及时掌控地下水环境状况。借鉴美国地下水污染案例的教训，识别我国重点地下水污染源，建立优先重点调查对象清单。广泛收集美国地下水污染调查资料，总结影响地下水环境状况的风险源、污染途径及污染影响等，结合我国经济、社会发展情况，识别重点地下水污染源，对加油站、垃圾填埋场、矿山开采区等开展详细调查评价，统筹考虑土壤和地下水污染相关性，结合水文地质"补给、径流、排泄"特点，按照风险大小、地下水功能以及受体情况建立优先重点调查对象清单。加快建立以环保部门为主导的重点污染源地下水监测体系。国土、水利等区域层面地下水环境监测网以宏观尺度为主，环保部门应建立重点污染源地下水环境监测网，每年定期开展地下水环境监测。监测井的建设以相关企业建设为主，环保部门以监督管理为主，由企业定期上报地下水环境质量状况。重点针对造成地下水污染的典型污染源开展环境评估。在地下水环境调查、监测基础上，分析地下水污染成因，评估地下水污染变化趋势。具备水源功能的地下水应满足地下水质量标准，同时有效控制地下水污染物通过其他途径对人体健康和环境造成的风险，避免走美国"过于依赖质量标准"的弯路，积极探索适合我国国情的"地下水环境质量—健康风险"相互衔接的评估模式。

第三，分类推进地下水污染预防、控制和修复，分级管理地下水污染源。美国地下水污染预防成本不足治理成本的1%，地下水污染防治工作首先为源头预防，其次是污染途径控制，最后才是地下水污染修复。建议加快推进地下油罐防渗漏监测，预防渗漏风险；加快更换双层罐或进行防渗池建设，强化矿山开采区、非正规垃圾填埋场等防渗设施，重视页岩气水力压裂法环境准入等地下水污染预防工作，从源头预防地下水污染。根据地下水污染源的污染程度、环境风险、修复可能性，研究制定适合我国的地下水污染源分级方法，建立优先治理地下水污染源清单，分类实施地下水污染源预防、控制、治理策略。对于已造成地下水污染且具有影响水源地风险的敏感点，应加强地下水污染过程控制，基于环境风险开展污染修复，建设修复治理工程。加快落实《全国地下水污染防治规划（2011—2020 年）》项目，选取地下水重金属和有机污染较重的地区和污染源，开展地下水污染修复示范。

第四，多方筹措地下水污染防治资金，保障地下水污染防治的永续实施。目前，我国地下水污染防治项目缺乏资金来源，除按照"谁污染，谁治理"的原则外，应借鉴美国超级基金征收经验，研究构建我国地下水污染防治基金。以我国 2011 年柴油、汽油物质的产量进行计算，按照美国超级基金的计费单价，每年仅对柴油、汽油估计就能征收 2 亿元地下水污染防治基金，可将其专用于地下水环境调查评估和污染防治工作。中央和地方财政重点支持对公共地下水饮用水水源地、城市生活垃圾填埋场及危险废物集中处置等公益性项目以及无法确定责任主体的污染区域的治理。相关企业要积极筹集治理资金，地下水污染防治项目以自筹资金为主，中央财政和地方财政给予必要支持，鼓励社会资本参与地下水污染防治设施的建设和运行。

5 美国水污染防治技术及产业现状

5.1 技术发展

美国污水处理的方式主要分为集中式和分散式处理。集中式污水处理系统污水处理量大、处理后水质易于控制，在一定条件下，可节省建筑投资，避免重复建设。但大规模的污水处理厂必然需要相应的庞大管网系统建设，且污水处理过程中会产生大量污泥，不便于农业回用。另外，由于农村地区产生的污水量小，若将其污水接入管网的话，管网部分投资可能过大，而且会集中占用大量土地。因此，农村地区一般采用分散式污水处理方式。

5.1.1 分散式农村污水处理

早在 19 世纪 50 年代，美国农村就开展了分散式污水处理系统的实践，经过 100 多年的发展已经形成了比较完善的农村生活污水治理体系，在美国农村水污染治理和水环境质量改善方面发挥了重要作用。

分散式污水处理系统是一种包括污水现场收集与就近处理的综合系统，主要用以处理家庭、小型社区或服务区产生的污水。根据处理规模不同，分散式污水处理系统可分为现场污水处理系统和群集式污水处理系统两类。

19世纪中叶，现场污水处理系统在美国大规模应用，适用于单个家庭的生活污水处理。该系统由化粪池和地下土壤渗滤系统（人工湿地或氧化塘）构成。污水流入化粪池经厌氧分解后，去除了部分有机物和悬浮物，再流入土壤渗滤层，经渗滤、吸附、生物降解等净化作用后流入潜水层。该系统对土壤的渗透性、水力负荷等因素有一定的要求。据估计，美国国土面积中仅有32%的土壤可用于现场污水处理系统。

　　20世纪90年代后期，群集式污水处理系统在美国流行。群集式污水处理系统适用于多户家庭的生活污水处理，通过增加单独的处理装置，提高了出水水质。其基本处理流程为：污水经化粪池预处理后，通过重力或压力式污水收集管道，运送到相对较小的处理单元进行物理或生化处理，之后再经地下渗滤系统或氧化塘等土地处理系统后排放或回用。美国常用的处理工艺有：（1）物理过滤法，如单通道介质过滤器，循环介质过滤器，粗介质、泡沫或织物过滤器等；（2）生化法，如固定膜生物膜法、悬浮生长活性污泥法等。

　　分散式污水处理系统的特点：

　　一是投资成本低、维护管理简单。通过采用自然型土地处理系统和小型的低成本集水管道，基建成本大大减少；土地处理系统和加强式处理单元的运行维护相对简单，无须专人值守。

　　二是动力消耗小、符合生态友好要求。采用无动力或微动力的自然型土地处理系统及动力消耗较小的加强式处理单元；能持续补充地下水，实现了污水就地处理和就地回用；可以将土地处理系统营造成集生态系统修复和湿地生态公园、教育园区于一体，与流域管理措施灵活结合的多功能系统。

三是技术成熟、运行稳定。鉴于土地处理系统对现场的水文地质条件（渗透性、地下水位等）有一定的要求，随着分散式处理系统的工艺不断发展完善，多种处理工艺可供灵活选择，全面满足不同地区的出水要求。

全美共有 2 600 万套分散式污水处理系统，一半以上的设施运行已超过 30 年。据估计，其中10%~20% 的设施由于缺乏维护及有效监管等问题导致运行失效，发生故障，造成了地下水及湖泊的氮、磷污染。为了加强对分散式污水处理系统的运维管理，有效指导各州和地方开展分散式污水治理，2003 年，美国国家环境保护局发布了《分散式污水处理系统管理指南》，在指南中对分散式污水处理设施提出 5 种管理程度逐步加强的运行模式。

5.1.2　污水深度处理技术

美国的市政污水处理设施完善，处理规模庞大，为污水回用提供了良好的基础条件。加利福尼亚州最先提出污水的回收与再利用，并于 1918 年公布了第一项有关污水回用的规章。1980 年、1982 年、2004 年、2012 年，美国国家环境保护局相继发布了多个版本的《水回用指南》。此后，回用水（通常是经过二级处理的市政污水）在工业中的使用量迅速增加，被广泛应用于循环冷却水、工艺水和锅炉补充水。

根据循环冷却水对回用水的水质要求，使用炼油厂污水和市政污水作为循环冷却水系统补充水时，需要先进行深度处理，使循环冷却水不易结垢，腐蚀性小，水中可供微生物利用的营养物质少，细菌含量低，以保证循环冷却水系统的高浓缩倍数。美国的深度处理方法大多采用传统的二级处理后再附加其他处理工艺的方式，通常也被称为三级处理。美国国家环境保护局推荐的处理方法是二级处理加消毒，同时根据来水水质选择增加混凝和过滤工艺。传统的二级处理方法包括活性污泥法、生物转盘反应器等。美国国家环境保护局要求二级处理出水中 BOD_5 和 SS 均小于 30 mg/L。

5.2 产业发展现状

目前，美国有 15 000 多座污水处理厂，其中，小型污水处理厂占 93%，大型污水处理厂占 7%。全球三大污水处理厂均位于美国。

（1）美国芝加哥 Stickney 污水处理厂。该厂是世界上最大的污水处理厂，位于美国芝加哥西南部，是一座具有 90 多年历史的污水处理厂，处理规模为 465 万 m^3/d，采用传统活性污泥工艺。目前的实际处理水量为 271 万 m^3/d。该厂实际上由两个分厂组成，西厂于 1930 年开始运行，西南厂于 1939 年运行。其进水泵站是世界最大的地下式污水提升泵站，污水从地下 90 m 深的隧道中提升至污水处理厂。该厂如此之大甚至建设了铁路运输系统。

早在 40 年前，Stickney 污水处理厂就通过延长泥龄实现了氨氮的稳定去除。Stickney 污水处理厂的平均水力停留时间（HRT）是 8 h，峰值水力停留时间不到 4 m，出水 BOD_5 和 SS 均小于 10 mg/L，出水氨氮小于 1 mg/L。

Stickney 污水处理厂采用了多种污泥处理工艺，初沉污泥在双层沉淀池下部常温消化，消化后的污泥部分经干化床自然干化，部分转送到污泥塘稳定，剩余活性污泥全部经浓缩后进入中温消化池，部分消化污泥由真空滤机脱水后烘干制成肥料，另一部分经浓缩后加压输送到污泥塘，进一步稳定并脱水，然后用船送到郊区农田施肥。

Stickney 污水处理厂目前面临的问题是升级改造，升级改造需要实现磷的去除。处理厂计划采用生物除磷，在现有的曝气池上增设厌氧区，但并不打算采用投加填料的方式。主要是由于：（1）芝加哥地区的人口不再增长；（2）污水处理行业向着资源回收、能源回收的方向发展。目前，处理厂正在就厌氧氨氧化技术应用于侧流工艺进行研究。该技术在欧洲和北美发展迅速，相比于传统的硝化反硝化技术，厌氧氨氧化技术只需消耗 40% 的能源，而且脱氮无须碳源。

（2）美国波士顿鹿岛污水处理厂。该厂由马萨诸塞州水资源局管理，位于波士顿港。该厂投资超过 38 亿美元，于 1995 年开始运行。峰值处理规模是 492 万 m^3/d，日均处理规模是 141 万 m^3/d，鹿岛污水处理厂是全球第二大污水处理厂，对于保护波士顿港的水环境起着重要的作用。

污水首先经过 3 座提升泵站提升，然后分别经过沉砂池和初沉池，该厂有 48 座初沉池，每座初沉池长 56 m，宽 12.3 m，深 7.2 m。初沉池分为双层，节约了鹿岛有限的土地面积。一级处理可去除 50%~60% 的 SS 和 50% 的病原菌。

二级处理系统采用纯氧活性污泥工艺，二级处理系统的污染物去除率达到 85%。鹿岛污水处理厂每天生产 130~220 t 的纯氧用于二级处理。一级处理系统产生的污泥和浮渣采用重力浓缩，二级处理系统产生的污泥和浮渣采用离心浓缩。离心浓缩投加聚合物以提高效率。泵房、预处理、一级处理、二级处理系统产生的臭味采用碳吸附控制。

该厂共 12 座卵形消化池，每座高 42.7 m，直径 27.5 m，污泥消化可以显著地降低污泥产量，产生大量的沼气，沼气用于发电。消化后的污泥通过隧道运至造粒厂，进一步加工成农肥，每天可生产 75 t 农肥。一级、二级处理之后是消毒，首先用次氯酸钠消毒，然后投加亚硫酸氢钠脱氯，以防止排水对水生生物造成影响。最后的出水通过一条长 15 km、直径 7.3 m 的退水渠道进入水深 30 m 的马萨诸塞州湾，出水有 50 个管道扩散器，迅速地将出水和周围的海水进行混合，大量的环境监测表明水环境得到了有效的保护。鹿岛污水处理厂有一座实验室，每年的检测分析数据量超过 10 万个，有效地支持了对工艺的控制，确保了出水达到处理厂的排放要求。

（3）美国底特律污水处理厂。该厂处理能力为 360 万 t/d，可以处理 1.5 个北京的日均污水量。该厂于 1939 年运行，在当时只有简单的一级处理，污染物去除率只有 50%~70%。1972 年《清洁水法》的颁布，要求所有的市政污水处理厂实现二级处理，由此该厂建设了曝气池、二沉池、污泥处理设施。

底特律污水处理厂是北美五大湖之一伊利湖的最大的磷排放源，从 1970 年起，底特律污水处理厂就开始化学除磷，实现了出水 TP 小于 1 mg/L 的目标。投加的化学除磷药剂是酸洗废液（氯化亚铁），来自当地的钢厂。酸洗废液直接投加在进水泵站，聚合物直接投加在沉砂池之后，强化初沉池的去除效果。

底特律污水处理厂采用的是纯氧曝气工艺，矩形的曝气池全部封闭。该厂有 25 座直径为 60 m 的周边进水、周边出水的二沉池，出水采用加氯消毒，消毒后排入底特律河。

6 美国水环境管理政策对我国的启示

美国的《清洁水法》从 1972 年发布至今已有 40 多年，美国的水环境保护与污染控制制度内容不断丰富，结构不断完善，水环境管理日益成熟，水环境质量明显改善。与美国相比，我国的环境管理模式是在计划经济体制下建立起来的，从 20 世纪 70 年代开始环境保护工作至今，伴随着社会、经济、政治、文化全面变革的时代，经过不断发展与完善，逐步形成了有中国特色的环境管理制度，形成了以环境法治制度、环境管控制度、环境经济制度等为主体的制度体系。其中一些制度的实施取得了很好的效果，对于控制环境污染、改善生态环境起到了重要作用，但也存在很多问题。

面临工业和人口快速发展导致的环境污染日益严重的状况，需要建立起符合市场经济体制要求的环境管理模式。中、美两国虽然在政治体制上存在较大差异，但两国在水环境管理中同样面临着水污染跨界外部性特征导致的各种问题。美国在水质保护及污染排放控制方面多年积累的经验可为我国水环境管理模式的改革提供借鉴经验。

6.1　我国水环境管理中存在的问题

6.1.1　水环境管理政策

无论从美国《清洁水法》提出的水环境管理目标，还是从各项制度的具体内容来看，保护水体的法定功能都是一个不能动摇的目标，并且改善的水质不允许任何理由的倒退。正是这种在法律上不容置疑的表达方式遏制了任何可能引起水质退化的行动。纵观我国的水环境保护相关法规和各级规划，早期并未把水质达标作为一个明确的目标。直到《水污染防治行动计划（2015年）》中明确规定需要切实加强水环境管理，强化环境质量目标管理。明确各类水体水质保护目标，逐一排查达标状况。未达到水质目标要求的地区要制定达标方案，将治污任务逐一落实到汇水范围内的排污单位，明确防治措施及达标时限，方案报上一级人民政府备案，自2016年起，定期向社会公布。对水质不达标的区域实施挂牌督办，必要时采取区域限批等措施（原环境保护部牵头，水利部参与）。这就要求各级政府及企业高度重视水环境质量改善，同时文件对饮用水水源地水质、地下水水质提出具体的控制指标，通过环境质量目标倒逼环境管理战略转型，推进环境治理能力和治理体系的现代化。对未达到水质目标要求的地区制定实施限期达标工作方案，分区、分类、分级、分期，精细管理，精准发力，打赢水污染防治攻坚战。

6.1.2　水环境管理体制

总体来看，我国水污染防治工作既有经济转型升级、水资源供需总量基本平衡、新增资源能源需求和污染物排放压力有望减少等有利条件，也有人口持续增加、城镇化加速发展、产业结构布局不合理、全球气候变化不确定、生态空间减少和新型环境问题显现等不利因素，将导致在未来较长一段时期内水污染防治工作仍将面临巨大压力。新时期的水环境管理体制应以保障人民群众健康为出发点，以改善水环境质量为核心，按照"节水优先、空间均衡、系统治理、两手发力"的原则，贯彻"安全、清洁、健康"方针，强化源头控制，水陆统筹、河海兼顾，对江河湖海实施分流域、分区域、分阶段科学治理，系统推进水污染防治、水生态保护和水资源管理，坚持全民参与，形成"政府统领、企业施治、市场驱动、公众参与"的水污染防治新机制，推动经济、社会持续健康发展。目前，我国城市环保局一般为政府行政单位，下属监测站、监察队等多个事业单位，属于财政拨款，独立核算的部门，在管理上也具有一定的独立性。因此城市环境管理事实上被多个条块分割，管理效率低下。如部门权限的分割导致部门间利益冲突，信息分散且难以协调，决策成本较高，等等。加之地方政府和企业职责划分不清，环保部门对污染企业缺乏有效的监管手段，也缺乏严格监管的积极性，环保机构的监管效率难以保证，环境监管效果和效率难以核查。现行环境管理体制已成为制约环境管理效果和效率的重要因素，已不能适应市场经济体制的要求以及我国环境保护实践的需要。针对此情况，首先，应明确各部门的职责。各部门根据自己的职能职责，制订各自的落实方案和计划，如果无法达到相关要求，牵头部门负主要责任，参与部门也负相应责任。其次，应建立新型的奖惩制度，将各级人民政府作为实施的责任主体，并以此作为对各级领导干部考核的重要依据，对于未通过年度考核的，要通过约谈、限批、依法追究等方式进行惩罚。最后，应明确政府、企业和公众责任，要积极搭建公众参与平台、健全举报制度，以信息公开推动社会监督，激发全社会参与、监督环保的活力。

6.1.3　污染源排放管理

污染物的毒性机理决定了水质目标是所有污染物排放控制的最终目标。保障水质目标的实现，污染源连续达标排放是基本和核心的要求。但目前我国排放标准的实施没有明确的载体，即没有一个可执行的文件根据不同点源的排放特征，结合行业排放标准以及排放水体功能等，综合考虑和计算出适用性强的排放标准，没有明确具体的点源。我国现有的点源排放控制政策有很多，如环评、"三同时"、总量控制、排污收费、限期治理等。但由于缺少基础和核心的制度，各项政策间缺乏协调和整合，没有形成一个完整的体系，没有聚焦到点源的连续达标排放，不仅使得点源排放控制诸多政策难以有效实施，水质保护的最终目标也难以实现。

6.1.4　跨界水污染严重

我国重点流域仍然面临着严重的水环境压力，跨界水环境污染形势依然严峻。我国正处在工业化、信息化和城镇化快速推进时期，经济社会发展过程中的不平衡、不协调、不可持续问题十分突出，跨界水环境污染纠纷时有发生。这些污染纠纷在当下有三个突出特点：一是由于流域内经济社会的发展使其对水资源的需求快速增长，水环境保护压力和水资源节约压力增大，流域水污染格局出现了新变化；二是流域内土壤中重金属、农药化肥等持久性污染物残留问题逐步暴露，流域面源污染防治、水环境保护和水生态修复任务艰巨；三是由于江河货物运输便利，石油化工等高污染行业大多选择江河近岸修建仓储基地和生产加工基地，这一生产布局在短期内很难改变，导致主要河流流域面临着严峻环境风险。我国自"九五"开始就在不断集中力量对以淮河、海河、辽河、太湖、巢湖、滇池为代表的重点流域进行综合整治，不断加大治理力度，并取得了积极进展。但一些地方水环境问题依然十分突出，主要表现为水环境质量较差、水生态受损较重、水资源保障能力脆弱、环境隐患较多，引起党和政府的高度重视。究其原因，主要是污染物排放总量巨大，而治理水平偏低。流域内各地政府都有自己的发展规划和政策，都希望本地区能够得到最大的水资源支持，形成了流域水环境治理保护的利益博弈，因争夺有限的水资源使跨行政区域的政府间关系产生矛盾、出现不合作现象。

6.1.5　缺乏公众参与

　　缺乏公众参与是造成我国水环境管理不善的另一大原因。从国外的成功经验可知，公众参与是保证流域管理效率和效果的重要支柱。只有将普通老百姓、公众团体一并纳入整个规划管理的过程，充分考虑居民的利益，使政府和公众协力合作，才能达到最佳的治理效果。

6.2 对我国的启示

6.2.1 建立以水环境质量为目标的水环境管理制度体系

该体系的建立必须将水质持续改善作为水环境管理不容争议的最终目标，进而应在此目标下，建立和完善配套的政策和标准规范。如在我国的水环境保护相关法规中增加水质反退化的定性表述，并在水质标准体系中增加相关的规定，避免地方将高于原水质标准的水体视为仍有环境容量，严格控制任何理由导致的水质持续下降的情况发生。更进一步，以水质标准作为红线，所有污染源的排放必须保证总体水质目标的实现，因此对污染源的控制需要考虑将基于技术和基于水质的排放标准结合起来。在水质不达标的区域，污染源必须达到更为严格的基于水质的排放标准。

6.2.2 建立适合外部性内部化的水环境管理体制

可以借鉴发达国家工业水污染管理体制发展中的经验，基于外部性理论设计科学的水污染防治管理层级和架构，理论上外部性越大的问题应由越高级别的管理部门负责。需要紧跟中共中央办公厅、国务院办公厅印发的《关于省以下环保机构监测监察执法垂直管理制度改革试点工作的指导意见》，确保"十三五"时期全面完成环保机构监测监察执法垂直管理制度改革（以下简称"垂改"）任务。重新设计和界定生态环境部、省环保厅、流域污染防治局和市环保局在水污染防治制度体系中的定位和职责分工。县级环保局调整为市级环保局的派出分局，由市级环保局直接管理。

市级环保局实行以省级环保厅（局）为主的双重管理（仍为市级政府工作部门）。将环境监测、考核上移至省级环保部门，相应地，改革后环境执法重心将向市县下移，并且提出实行行政执法人员持证上岗和资格管理制度。市级环保部门对所属范围内的环保工作进行统一监管和协调工作。同时赋予环境执法机构实施现场检查、行政处罚、行政强制的条件和手段。原县级环境监测机构随县级环保局一并上收到市级，其主要职能相应地调整为执法监测，主要是支持配合属地环境执法，形成环境监测与环境执法有效联动、快速响应。而省级环保部门的执法职能，侧重跨区域执法。省级环保厅（局）应牵头建立健全区域协作机制，推行跨区域、跨流域环境污染联防联控，加强联合监测、联合执法、交叉执法。

6.2.3 建立基于污染排放标准与受纳水体水质标准科学的排污许可证制度

不仅要关注排放达标，还必须关注质量达标；重视氨氮和COD，还必须关注其他污染指标在内的所有污染指标。此方面可借鉴学习美国水环境管理制度中以排污许可制度为核心的原则，这是执行国家和地方排放标准的重要抓手。当前，美国依据经济与技术可行性制定排放标准，质量标准主要依据对人体健康影响和生态保护要求制定，用于判断河湖、地下水等水体是否达到使用功能和环境功能要求。而实施排污许可证制度，可建立排放标准和质量标准之间的联系，用于判断排污者的排污行为是否违法，通过许可事项的具体要求，规定排污者排放污染物不应造成水质下降或使生态受损。美国发放排污许可证时，首先保障受纳水体水质达标，若排放标准能严格保证受纳水体水质达标，则按要求发放排污许可证；若执行排放标准不能保证水质达标，则需采用 TMDLs 等工具制定基于水质达标的更严格排放限值，然后依程序发放排污许可证。

6.2.4 推进污染控制技术的持续进步

技术的发展是解决污染问题的根本力量。美国国家环境保护局制定了几乎所有污染源和污染类别的基于技术的排放限值导则，具体细化且可实施的排放限值为污染源的控制和管理提供了有力的依据。排放限值的更新机制，更是始终保持着对行业内落后技术的定期淘汰，使污染者对行业技术进步有着明确的预期，从而不断推进行业污染控制技术的持续进步。因此排放标准的实施不仅需要以排污许可证作为载体，保证点源的连续达标排放，同时需要建立排放标准的评估更新机制，定期对各行业技术水平进步情况进行分析和评估，通过定期提高排放标准，保证一定比例的落后技术淘汰率，激励企业不断更新和改进污染控制技术，从根本上解决污染问题。

6.2.5 加强环境执法监督，特别是跨界区域的执法

跨界水污染纠纷与流域行政边界执法关系密切。《水污染防治法（2017 年）》明确规定：跨行政区域的水污染纠纷，由有关地方人民政府协商解决，或者由其共同的上级人民政府协调解决。建议在执行过程中进一步明确各级政府对跨界流域污染的责任和纠纷协商机制，在这种机制下，规定各利益相关方的职责，从法

律上保障流域下游权益。同时应树立中央政府与地方政府之间的合作意识，树立地方政府之间的合作意识，使得各级、各地政府成为良好的利益共同体，合力解决跨界污染治理问题。中国应汲取美国教训，加强行政边界地区的执法监督和行政抽查，一旦发现违法偷排的单位，则施以严惩严罚，大幅提高环境违法成本，加强环境宣传和提高公众的环境保护意识，对公众环境举报的信息给予奖励和公布，鼓励公众参与到环境保护行动中。

参考文献

［1］ Awoke A, Beyene A, Kloos H, et al. River Water Pollution Status and Water Policy Scenario in Ethiopia: Raising Awareness for Better Implementation in Developing Countries[J]. Environmental Management, 2016, 58(4):1-13.

［2］ Jun Zhu. The U.S. Experience in Dealing with Non-point Source Pollution to Rivers and Lakes[D]. University of Arkansas, 2016.

［3］ Ebrahimian A, Gulliver J S, Wilson B N. Determination of effective impervious area in urban watersheds[D]. 2015.

［4］ Garbarino J R, Hayes H C, Roth D A, et al. Heavy metals in the Mississippi River[J]. US geological survey circular usgs circ, 1996: 53-72.

［5］ Benham B, Zeckoski R. TMDL implementation: lessons learned[J]. Proceedings of the Water Environment Federation, 2007(5): 428-442.

［6］ National Research Council. Mississippi River water quality and the Clean Water Act: progress, challenges, and opportunities[M]. National Academies Press, 2008.

［7］ Missouri University of Science and Technology.http://scholarsmine.mst.edu/student_work

［8］Drinking Water Requirements for States and Public Water Systems.https://www.epa.gov/dwreginfo/surface-water-treatment-rules

［9］USGS Water-Quality Annual Statistics for the Nation.https://waterdata.usgs.gov/nwis/annual/?referred_module=qw

［10］刘鹏，李钢．美国环境管制政策的演化及对中国的启示［J］．经济研究参考，2016(22)：21-33.

［11］白永亮，石磊．美国水污染治理的模式选择、政策过程及其对我国的启示［J］．人民珠江，2016，37（4）：84-88.

［12］韩冬梅，任晓鸿．美国水环境管理经验及对中国的启示［J］．河北大学学报，2014（5）：118-123.

［13］巩莹，刘伟江，朱倩，等．美国饮用水水源地保护的启示［J］．环境保护，2010(12)：25-28.

［14］邢乃春，陈捍华．TMDL 计划的背景、发展进程及组成框架［J］．水利科技及经济，2005（9）：534-537.

［15］李印．美国地下水保护立法的借鉴［J］．广东社会科学，2012（6）：240-244.

［16］田泽源，吴德礼，张亚雷．美国分散型生活污水治理的经验与启示［J］．给水排水，2017(12)：52-57.

［17］徐月平，黄彦君，等．美国核电厂氚泄漏事件地下水污染概况及防治对策［J］．辐射防护通迅，2012（3）：16-21.

［18］刘菲，王苏明，陈鸿汉．欧美地下水有机污染调查评价进展［J］．地质通报，2010（6）：907-917.

［19］张华，骆永明．美国流域生态健康评价体系的发展与实践

〔J〕.应用生态学报，2013，24（7）：2063-2072.

〔20〕贾颖娜，赵柳依，黄燕.美国流域水环境治理模式及对中国的启示研究〔J〕.环境科学与管理，2016，41(1)：21-24.

〔21〕周刚炎.美国萨斯奎哈纳河流域水资源管理机制给我国的启示〔N〕.中国水利报，2007-01-11.

〔22〕姜传隆.美国特拉华河流域管理经验及启示〔J〕.水科学及工程技术，2017(3)：49-52.

〔23〕李婉晖，潘文斌，邓红兵.水资源利用与保护的途径——流域管理〔J〕.生态学杂志，2004，23(6)：97-101.

〔24〕刘曼明.美国水环境的流域保护计划〔J〕.海河水利，2002(01)：67-69.

〔25〕曾维华，张庆丰，杨志峰.国内外水环境管理体制对比分析〔J〕.重庆环境科学，2003(01)：2-5.

〔26〕刘春生，廖虎昌，熊学魁，等.美国水资源管理研究综述及对我国的启示〔J〕.环球瞭望，2011(06)：45-49.

〔27〕N.S.格里格.美国的水资源综合管理研究〔J〕.水利水电快报，2015(12)：1-4.

〔28〕温天福，方少文.美国水资源管理经验对鄱阳湖流域的启示〔J〕.江西水利科技，2014(01)：34-36.

〔29〕刘伟江，丁贞玉，文一，等.地下水污染防治之美国经验〔J〕.环境保护，2013（12）：33-35.

〔30〕李印.美国地下水保护立法的借鉴〔J〕.广东社会科学，2012(06)：240-244.

〔31〕司杨娜.20世纪40—80年代的美国水污染治理研究〔D〕.

石家庄：河北师范大学，2016.

［32］曾睿. 20 世纪六七十年代美国水污染控制的法治经验及启示

[J].重庆交通大学学报（社会科学版），2014（6）：40-44.

附件1　美国《清洁水法》

一、目的

《清洁水法》也称为联邦水污染防治法。

《清洁水法》的目的是恢复和维持国家水域的化学、物理和生物成分的完整性。为了实现这一目的，公布了7个目标和各种政策。其中的一个目标是到1985年实现污染物质"零排放"。其他的目标包括为建设公共的污水处理设施投资，制订非点污染源计划，以及使美国的水域适合于钓鱼和游泳。虽然在公告中没有特别陈述，《清洁水法》包括了对国家最有价值的湿地的立法。

二、主要条款

1. PL 201-209（33 U.S.C. 1281-1289）条款

建设水处理工程的各种专用拨款

这些条款最初是为了建设污水处理工厂提供专门的拨款。根据1987年的修正案，为了支持周转贷款基金，该计划已经逐渐废除。

2. 301（33 U.S.C. 1311）条款

污水排放的限制

根据这些条款，除了遵守《清洁水法》的规定而进行的排放外，任何向国家水域中排放污水的行为都被禁止。对污水排放的限制根据所排放的污水的性质和其排出口的地点而有所不同。

3．302（33 U.S.C. 1312）条款

污水排放有关水质的限制

对于妨碍达到和维持所要求的水质的点污染源要强迫其接受更为严格的污水排放限制。

4．303（33 U.S.C. 1313）条款

水质标准和执行计划

各州以水质为基准来调整控制污水排放，污水的排放是根据保护指定用途的水体达到所要求的水质标准而确定的。在建立水质标准时不考虑技术能力。

5．304（33 U.S.C. 1314）条款

信息和导则

本条款要求美国国家环保局为限制污水排放制定水质标准和指导方针，并管理国家污染物质排放消除系统计划。

6．306（33 U.S.C. 1316）条款

执行的国家标准

列出各种污染源的清单，规定所列出的各种产业必须在技术上符合新水源的运行标准。该标准证明是最具示范性的防治技术。

7．307（33 U.S.C. 1317）条款

毒物及其污水预处理标准

本条款要求各种产业排放的毒物要遵守对污水排放的限制规定，

要应用经济上可行的最有用的技术。本条款的(b)部分要求建立预处理标准，而（c）部分考虑将新的污染源引入公共的处理工厂。

8. 309（33 U.S.C. 1319）条款

执法

本条款要求各州强制执法及遵守命令，并对行政管理、民事和刑事处罚等授权。

9. 311（33 U.S.C. 1321）条款

石油及其有害物质量

国会的政策宣布了要预防能造成危害数量的石油排放进入水域及其邻接的海岸。所有处理、运输和储存石油的设施将要制订预防和处理石油泄漏事故和应对计划。任何泄漏或排放有害数量石油的事故必须向国家应急中心报告。对发生石油泄漏事故的设施所有者和运行者规定了严格的责任。

10. 319（33 U.S.C. 1329）条款

非点污染源管理计划

本条款要求各州确定由于非点污染源而不能达到水质标准的水域。要确认造成污染的各项活动和制订管理计划来帮助纠正非点污染源问题。

11. 401（33 U.S.C. 1341）条款

证明

任何要取得可能导致向任何可航行的水道中排水的活动的联邦执照和许可证申请者应该向许可证代理机构提供所排放污水发

生地的州所出的证明。

12. 402（33 U.S.C. 1342）条款

国家污染物质排放消除系统

《清洁水法》一个最重要的组成部分就是要建立国家污染物质排放消除系统。该系统将各种规定转译成可执行的各项限制。该计划由美国国家环保局或由美国国家环保局授权的各州来管理。经过公众的听证会后，可以给任何污染物或多种污染物组成的点污染源排放发放许可证。

13. 404（33 U.S.C. 1344）条款

疏浚或填方许可证

本条款是《清洁水法》中有关湿地的重要条款，在很大程度上是一条环境法。本条款的基本要旨是在通航的河道、著名的湿地进行疏浚和填方等活动要取得美国陆军工程师团的许可，同时要有美国国家环保局的公告和召集公众听证会。

14. 505（33 U.S.C. 1365）条款

公民诉讼

任何公民都有权针对任何违反有关污水规定的个人或是针对美国国家环保局在不可任意支配的职责方面失职提出诉讼。

三、相关法规

1. 33 CFR Part 320 条款

常规管理政策，陆军工程师团

陆军工程师团根据几个不同的法案发放各种许可证，《清洁水法》是其中的一个法案。陆军工程师团必须对于污水排放发放许可证，以确保他们遵守可执行的各种限制和水质标准。

本条款的 320.4 部分陈述了陆军工程师团的总政策，即它将跟踪检查陆军发放许可证的所有各部门。这些许可证要考虑公共利益、对湿地的影响、鱼类和野生动物、水质、财产所有权、节约能源、航行、环境效益和经济效益。特别是根据清洁水法 404 条款所规定的有关疏浚和填方许可证。

2. 33 CFR Part 323 条款

排放疏浚和填方物质进入美国水域的许可证，陆军工程师团

根据《清洁水法》404 条款由陆军工程师团来审查疏浚和填方物质排放许可证的有关内容的定义和专门的政策、惯例和方法。

根据《清洁水法》404 条款来发放的排放疏浚和填方物质的许可证不能免除本条款的 323.4 部分的内容即根据 33 CFR Part 330 条款来颁发许可证，可参照本条款 323.4 的详细的免除清单。

3. 33 CFR Part 325 条款

陆军工程师团颁发许可证的处理过程，陆军工程师团

包括所有颁发许可证的陆军工程师团的各部门的一般的处理程序。本条款的 325.1（d）（3）和（4）部分特别着重陈述疏浚和填方活动的许可证处理过程。联邦机构发起和授权的所建议的疏浚和填方物质排放活动必须保证获得适当的许可证。在拥有批准计划的各州，许可证的申请可通过适当的州立机构来进行。

4. 40 CFR Part 110 条款

石油排放，美国国家环保局

本条款重申《清洁水法》的 311（b）（3）条款的命令。总的来说禁止将可能产生危害数量的石油向可通航的河道排放。

5. 40 CFR Part 112 条款

预防石油污染，美国国家环保局

本条款要求在岸上或大陆架上从事任何形式的石油和天然气的非运输性产业的业主和经营者要准备好预防泄漏管理和应对措施计划。任何要获得美国地调局批准进行的有关石油和天然气的活动都需要准备这样的计划。

6. 40 CFR Part 122 条款

美国国家环保局管理的许可证计划：国家污染物质排放消除系统，美国国家环保局

本条款包括了根据《清洁水法》318、402 和 405 条款由美国国家环保局管理的国家污染物质排放消除系统计划的定义和获取许可的基本要求。本条款的 B 部分探讨了许可证的申请和专门的国家污染物质排放消除系统计划；C 部分阐述了许可的条件；D 部分是有关许可证的转让、修改、撤销、重新颁发和终止等内容。联邦机构发起或授权进行包括点污染源的经营活动时必须保证获得适当的许可证。在拥有已批准的州计划的州内，可通过适当的州立机构申请许可证。

7. 40 CFR Part 123 条款

州计划的要求，美国国家环保局

本条款陈述了各州和美国国家环保局为了获得和批准、修订和撤销州国家污染物质排放消除系统计划的总的要求和附加的要求。根据要求，美国国家环保局应该得到州计划的信息。美国国家环保局也有权在 90 天内对所提议的一般许可证进行审查。

8. 40 CFR Part 125 条款

国家污染物质排放消除系统的标准和规定，美国国家环保局

本条款陈述了作为国家污染物质排放消除系统获得正式批准的条件需要强加的各种要求的标准和规定。其中某些标准的详细叙述分别为：301(b) 和 402(a)(1) 条款中提出作为发放许可证所要求强加的水处理技术；301(h) 条款中修订了二级水处理的要求；304(e) 条款是权威认可的最好的管理实践；在子条款 A、G、K、M 中分别提出的向海洋倾倒物质的申请。

9. 40 CFR Part 129 条款

有毒物质污水排放标准，美国国家环保局

本条款指定了有毒物质污水的标准及其适用的向可航行河道排放这些污水的特定设施的业主和经营者。129.4 条款提出了将要接受该法管理的各种污染物质。如果这些设施的业主和经营者排放了所列出的污染物质中的任何一种，他们必须在 60 天之内通知地区的行政长官。对于这些有毒物质中的每一种的更详细的管理都有专门的陈述。

10. 40 CFR Part 130 条款

水质规划和管理，美国国家环保局

《清洁水法》的 303 条款给各州颁布水质标准授权，并为水质规划、管理和执行 303 条款制定了政策。根据《清洁水法》的水质管理程序，在允许各州实施自己最有效的保护水质的各种计划的同时，又给出了保持全国相和谐一致的维持、改善和保护水质的方法和权力。在各州制定了水质标准后，通过水质管理计划中颁发许可证、建立公共的水处理工厂或制定最好的管水惯例等活动来实现水质标准。在 130.7 条款中讨论了日最大污染负荷总量和对各种污染物质的限制。根据《清洁水法》(130.8) 中的 305(b) 条款，要求各州向地区的行政长官递交水质报告。该规定的最后一点要求各州向美国国家环保局计划管理处递交报告。

11. 40 CFR Part 131 条款

水质标准，美国国家环保局

本条款涉及水质标准。规定了各种用途的水的水质要达到的目标，并通过制定必需的水质标准来保护用水。水质标准应该对鱼类、贝类、野生生物、水域的娱乐活动和公共供水、农业和工业用水及其他用途提供保护，提出了州和美国国家环保局制定、审查、修改和批准水质标准的程序。本条款的 131.12 部分命令各州制定抗水质退化的政策。各州最少每 3 年要对水质标准进行一次审查。

12. 40 CFR Part 230 条款

404（b）（1）条款 – 疏浚和填方物质处理场地规定的导则，美国国家环保局

该导则以场地的退化可能表示水生资源价值的不可逆转的损失为指导原则对疏浚和填方物质的排放进行管理控制，从而恢复和维持美国国土资源的化学、物理和生物的完整性。该条款的 B 部分声明："如果对于所提议的疏浚和填方物质的排放有对于水生生态系统不利影响较少的可实行的替代方案，就不允许排放。"许可证的授权过程必须确定疏浚和填方活动对水环境构成可能产生的影响。

13. 40 CFR Part 231 条款

404（c）条款的程序，美国国家环保局

该条款包含美国国家环保局对陆军工程师团的规范或是对某个州的某处理场所的 404 条款许可证实施否决权时所包含的内容。

14. 40 CFR Parts 401–471 条款

污水排放的指导方针和标准，美国国家环保局

规定了对污水排放的各种限制和预处理及其实施规定，根据不同的产业来分类，这些都必须按国家污染物质排放消除系统许可证批准的条件来执行。Part 401 条款作出了一般的规定，而 Part 403 条款对于现有的和新的污染源的预处理做出了一般规定。余下的条款是针对各种产业的。而美国地调局特别感兴趣的为下述条款：

40 CFR Part 434— 采矿业点污染源种类

40 CFR Part 435— 大陆架石油和天然气开采点污染源种类

40 CFR Part 436— 矿物开采和加工业点污染源种类

40 CFR Part 440— 金属矿石开采和选矿业点污染源种类

15.518 DM 1 条款

废物综合管理，内政部

该章所定义的废物包括固体有害的废物、各种有害原料和物质。防止产生各种有害的废物为目标，阐述了内政部有关废物管理的各种政策、职责和作用，并要求对无害的废物利用进行管理。

附件 2 美国《安全饮用水法》

一、综述

美国的《安全饮用水法》最初是于 1974 年由美国国会通过的，其目的是通过对美国公共饮用水供水系统的规范管理，确保公众的健康。该法律于 1986 年和 1996 年进行修改，要求采取很多行动来保护饮用水及其水源——河流、湖泊、水库、泉水和地下水水源（《安全饮用水法》的规定不包括用水人数少于 25 人的井）。该法授权美国国家环境保护局建立基于保证人体健康的国家饮用水标准以防止饮用水中的自然的和人为的污染。美国国家环境保护局、各州和供水系统共同努力以确保饮用水符合标准。

成千上万的美国人每天从他们的公共供水系统中（这些系统可以是公营的也可以是私营的）接受高质量的饮用水。不过，不能因此而认为饮用水是安全的。存在着若干威胁饮用水的因素：不适当地配置化学物品、动物废弃物、杀虫剂、人类的废弃物、被灌注到深层地下水中的污水和自然界出现的物质都有可能污染饮用水。同样地，不适当地处理或消毒，或通过缺乏良好维护的管道系统配送的饮用水也对健康构成威胁。

最初的《安全饮用水法》把水处理作为向居民水龙头提供安全饮用水的主要方法。1996 年的修订版即现在使用的《安全饮用水法》比最初版本大大地改进了，认识到水源保护、工作人员的培训、改进水系统的筹资和公众信息是保证饮用水安全的重要组成部分。该方法通过从水源到供水的水龙头的整个过程的保护来确保饮用水的安全。

二、作用和责任

《安全饮用水法》应用于美国的每个公共供水系统。目前美国大约有 17 万个以上的公共供水系统，它们几乎为所有的美国人供水。保证这些供水系统供水安全的责任是由美国国家环境保护局、各州、部落、水系统和公众一起来分担的。《安全饮用水法》提供了一个让上述各方一起工作的框架来保护这种极有价值的资源。

美国国家环境保护局以保护健康为基础，考虑可获得的技术和费用，科学地制定了国家的饮用水标准。这些国家饮用水标准规定了饮用水中针对每种特定的污染物的最大允许的限量，否则就需要采取措施来消除这些污染物。每一条标准也包括对供水系统所需进行的试验的要求，通过这些试验确定水中的污染物以保证达到标准。除了建立这些标准，美国国家环境保护局还提供有关饮用水的指导、帮助和公共信息，收集饮用水的信息和检查各州的饮用水的计划。

对于水系统最直接地监督由各州饮用水计划来进行。如果各州能够显示出他们最低将采纳环保署的标准并严格地保证供水系统满足这些标准，各州就能够向美国国家环保局申请在他们的管辖区域内作为实施《安全饮用水法》的首席权威。除了怀俄明州和哥伦比亚特区，所有的州和管区都已被批准为首席机构。还没有一个印第安部落申请和接受首席权威，有4个部落已经作为"州"对待并可合法申请"首席"。各州和美国国家环保局作为安全饮用水法首席执行机构，保证水系统进行污染物的检测试验，进行现场检查和卫生鉴定，提供培训和技术帮助，对不符合标准的水系统采取行动。

为了保证饮用水的安全，针对水中的污染，《安全饮用水法》建立了多道屏障。这些屏障包括水源保护、水处理、配水系统的一体化和公共信息。公共供水系统负责保证从水龙头中流出的水中的污染物不超过标准。水系统负责对水进行处理，且必须经常地对水中特定的污染物做测试，并将结果向州做报告。如果水系统不符合标准，它有责任通知用户。现在要求供水者为用户做年度报告。公众有责任帮助当地的供水者确定需要优先解决问题的顺序，为筹资和水系统的改善做决策，并帮助制订保护水源的计划。遍布全国的供水系统依靠公民咨询委员会、价格委员会、志愿者和市政领导来积极的保护全美国每个社区的饮用水。

三、保护和预防

《安全饮用水法》的主要组成部分是保护和预防。各州和供水者必须对水源进行评估以确定何处是易受污染的薄弱环节。水系统也可以主动地采用各种计划来保护其流域或水源，而各州也可以根据其他法律的合法权力来预防污染。

《安全饮用水法》授权各州建立证明水系统的工作人员具有合格证书的程序，并确保新的水系统具有提供安全的饮用水的技术、财务和管理能力。

这些条款最初是为了建设污水处理工厂提供专门的拨款。根据 1987 年的修正案为了支持周转贷款基金该计划已经逐渐废除。

四、建立国家饮用水的标准

美国国家环境保护局为国家建立了从水龙头流出的饮用水的标准，以确保美国供水质量的始终如一。美国国家环保局根据对健康的潜在威胁和在水中出现的概率来确定污染物的优先次序（为了帮助进行这项工作，一些水系统正在检测有些现在还未列入国家饮用水标准中的污染物并收集它们在水中出现率的信息）。美国国家环境保护局根据污染物对人体健康所构成的危害来建立健康目标（该目标包括考虑对于污染物最敏感的人群，如婴儿、儿童、孕妇、老年人和免疫系统受损的人群可能受到的危害）。然后再对饮用水中的各种污染物建立法律上许可的限度即所要求的技术处理。这一法定的限度和所要求的处理技术要求最大限度地保证接近可行的健康目标。美国国家环境保护局在建立饮用水标准时也要做成本—效益分析并从受益各方获取信息。目前正在为几个专门的微生物污染（如密码担孢子）、饮用水消毒的副产品氯和砷及目前未经消毒的水系统（其水源为水质可能会成为有损健康的地下水）做专门的对于健康的危害的风险评估。

五、筹措资金和帮助

美国国家环境保护局向各州的饮用水计划提供补助金，并帮助各州建立专门的基金来资助公共供水系统的改善费用（称为饮用水州周转基金）。《安全饮用水法》将给予小型的供水系统特别的考虑，因为供水系统的用户基数很小支付水系统改善资金更为困难，美国国家环保局和各州将为其提供额外的帮助，包括培训和资金，以及根据具体的情况允许其采用较为廉价的不过仍然能保护公众健康的代用处理措施。

六、守法和执法

美国《安全饮用水法》是通过法律强制执行的，即美国国家环保局和各州可以对于违反《安全饮用水法》的供水系统采取执法行动。如颁布行政命令、采取法律行动或罚款。同时美国国家环保局和各州都将致力于提高各供水系统对于《安全饮用水法》的理解，使其更好地遵守该法。

七、公共信息

《安全饮用水法》让人们认识到：每个人都要饮水，每个人都应该有权知道水中有什么和水来自何处。当水质发生了严重的问题时，供水者必须尽快地通知用户。整年都为相同的人群服务的供水系统每年必须向用户递交有关水质和水源的用户信心报告。各州和美国国家环保局每年必须就水系统遵守饮用水安全标准作出年度总结报告，并将该报告公布于众。公众必须有参与制订水源评估计划、使用饮用水州周转基金贷款计划、州能力发展计划和州工作人员证书计划的机会。

八、公共供水系统

公共供水系统必须满足以下条件：至少有15个服务接点，且每年至少有不少于60天的时间其用户人数不少于25人／天。

对于不同类型的供水系统，《安全饮用水法》对其所采用的标准的要求也不同。所以进一步将公共饮用水系统再分为以下类型：

1．社区供水系统

全国大约有 55 000 个供水系统是属于这一类的。这类系统终年都服务于相同的人群。大多数的居民，包括居住在城市、小镇中的家用住宅、公寓式住宅和停放的可移动住宅中的居民，都是使用这种供水系统。

2．非社区水系统

这种公共供水系统也为公众服务，但不是终年为相同的人群服务。这种系统又可以分成两种类型：

（1）非短期的非社区水系统

这种类型的水系统大约全国共有 20 000 个。它们一年中要有超过 6 个月的时间是为相同的人群服务，但不是全年都为相同的人群服务。如学校中自己所拥有的供水系统就属于这种类型。

（2）短期的非社区水系统

这种类型的供水系统全国大约有 95 000 个。这种供水系统为公众服务，但一年中为相同的人群服务时间不超过 6 个月。例如，上述两种类型以外剩下的地区或野营地的供水系统可以认为是属于这一类的。

九、美国国家环保局采用三步法来建立饮用水的主要标准

第一步，美国国家环保局要确定饮用水中对人体健康不利的

各种污染物、它们在饮用水中出现的频率，以及对公众健康构成威胁的含量。然后再进一步确定需要研究的污染物，并确定需要控制的污染物。

第二步，美国国家环保局对于已决定需要控制的各种污染物要进一步确定其在饮用水中的最大允许含量的目标。污染物低于该最大含量目标以下的饮用水被认为不会对健康构成威胁。这一目标将给饮用水保留一个安全的余度。

第三步，美国国家环保局对于公共供水系统中输送到任何用户的水龙头中饮用水中每种决定要控制的污染物规定其最大允许限量。这一允许限量是执法的依据，并按现实可行的条件尽可能地接近于在第二步中所定的目标。

《安全饮用水法》所定义的可行的标准是在利用最好的工艺、水处理技术和美国国家环保局发现的其他方法（在现场经过检查确认这些技术的有效性后）所能够实现的法定的水中的污染限量，同时要考虑所需的费用是否合理。

当经济上和技术上对于所制定的最大允许污染限量都不可行时，或者缺乏经济上可行的探测水中污染含量的方法时，美国国家环境保护局还制定了一套替代的去除水中污染的水处理技术的详细说明。